装配式建筑施工技术培训教材

# 装配整体式混凝土结构工程施工

济南市城乡建设委员会建筑产业化领导小组办公室　组织编写

田　庄　主编

中国建筑工业出版社

图书在版编目（CIP）数据

装配整体式混凝土结构工程施工/济南市城乡建设委员会建筑产业化领导小组办公室组织编写. —北京：中国建筑工业出版社，2015.8
装配式建筑施工技术培训教材
ISBN 978-7-112-18361-6

Ⅰ.①装… Ⅱ.①济… Ⅲ.①装配式混凝土结构-混凝土施工-技术培训-教材 Ⅳ.①TU755

中国版本图书馆 CIP 数据核字(2015)第 183946 号

责任编辑：朱首明　李　明　李　阳
责任设计：张　虹
责任校对：李欣慰　刘梦然

装配式建筑施工技术培训教材
## 装配整体式混凝土结构工程施工
济南市城乡建设委员会建筑产业化领导小组办公室　组织编写

\*

中国建筑工业出版社出版、发行（北京西郊百万庄）
各地新华书店、建筑书店经销
北京红光制版公司制版
北京富生印刷厂印刷

\*

开本：737×1092 毫米　1/16　印张：10　字数：240 千字
2015 年 8 月第一版　2017 年 8 月第三次印刷
定价：28.00 元
ISBN 978-7-112-18361-6
(27605)

**版权所有　翻印必究**
如有印装质量问题，可寄本社退换
（邮政编码 100037）

## 审 定 委 员 会

主　　　任　王崇杰
副 主 任　卢保树　王全良
委　　　员　蒋勤俭　赵　勇　梁科生　侯和涛　孙增桂
　　　　　　孔令祥

## 编 写 委 员 会

主　　　编　田　庄
副 主 编　曲永伦　张　茜　宋亦工　孟庆春
委　　　员　陈　刚　张金树　肖华锋　王总辉　石玉仁
　　　　　　黄启政　刘林生　张京生　肖宁海　李存瑞
　　　　　　李为民　张振刚　纪　森　韩同振　朱　敏
　　　　　　刘振亮　郭广宝　牟培超　刘　伟　崔　琦
　　　　　　王效磊　靳义新　肖明和　刘　强　刘广文
　　　　　　刘祥涛　王长旺　桑峰勇　董建蕊　王　鲁
　　　　　　于颖颖　王克富　汪丕明

**参编单位**

山东省建设监理咨询有限公司

济南一建集团总公司

山东省建设建工(集团)有限责任公司

山东天齐置业集团股份有限公司

泛华建设集团有限公司

山东建大建筑规划设计研究院

中铁十四局集团建筑工程有限公司

山东万斯达建筑科技股份有限公司

山东平安建设集团有限公司

济南四建(集团)有限责任公司

山东城市建设职业学院

济南工程职业技术学院

山东物业管理专修学院

山东同圆设计集团有限公司

济南市建设监理有限公司

山东大汉建设机械股份有限公司

中国重汽集团泰安五岳专用汽车有限公司

山东真正建筑装置品制造有限公司

山东兄弟盛强门窗幕墙有限公司

山东齐兴住宅工业有限公司

山东德泰装饰有限公司

# 序　言

运到工地的不再是零散的钢筋、混凝土、木材、保温板，而是一块块的墙板、楼板、楼梯等"零件"；工人不再爬上爬下支模板、搭架子，而是在机械的配合下把这些"零件"组装成一栋栋楼房。

这就是建筑产业化所带来的效率革命。

什么是建筑产业化？它是指用工业化生产的方式来建造住宅，以提高住宅生产的劳动生产率，提高住宅的整体质量，降低成本，降低物耗、能耗，是机械化程度不高和粗放式生产方式升级换代的必然要求。建筑产业化是建筑领域的全新模式，是城市建筑发展的必然趋势。随着建筑市场的发展和节能减排的环境要求，建筑产业现代化已成为建筑业转型发展的主要方向之一。建筑产业化方式一般节材率达20％以上，施工节水率达60％以上，减少建筑垃圾80％以上；除此之外，建筑产业现代化可以提高施工效率，能极大地缓解建筑业劳动力紧缺的问题。因此，促进建筑产业现代化不仅是生态文明建设的需要，也是建设"两型"（资源节约型、环境友好型）社会、实现经济转型发展的迫切需要。

自1999年国务院办公厅颁布《关于推进住宅产业现代化提高住宅量的若干意见的通知》（国办发［1997］72号）以来，我国的建筑产业化在各级政府的指导和协助下，借鉴学习发达国家成功经验，结合我国国情，积极推进，取得了显著的成就。经过十几年的努力，已初步建立起符合建筑产业化要求的住宅结构体系、部品体系和技术保障体系，形成了一批产业化设备、部品部件生产骨干企业。

2012年10月，济南市成为继深圳、沈阳之后第三个国家住宅产业化综合试点城市。为进一步加快推进工作实施，实现"力争用3～5年时间形成千亿级规模实体产业，打造全国住宅工业部品生产研发前沿阵地和集散地"的任务目标，济南市成立了以常务副市长为组长，市发改委、经信委、城乡建设委、财政局、国土局、规划局等11个部门组成的住宅产业化工作领导小组，出台了一系列政策，按照"优化资源、合理布局"的原则，建立了3个产业园区、40个建筑产业化基地。截至目前，济南市2家企业被认定为国家住宅产业化基地，4家企业被认定为省级住宅产业化生产基地，10个项目被山东省住建厅确定为建筑产业化试点项目工程。建筑产业现代化工作从政策引导、技术研发、产业发展、项目推进、园区建设等方面统筹规划，成果日渐显现。济南市正以"123456"的"济南模式"即：围绕"一个"目标，打造千亿元的产业集群；突出"两个"重点，推进项目落实与园区建设；建成"三大"工业园区，落实长清、章丘、济阳三大产业园；构建"四大"服务平台，推动建筑产业化快速发展；强化"五化"标准，完善项目标准化产业链；建立"六大"保障体系，确保产业化绿色健康发展，争创国家建筑（住宅）产业化示范城市。

未来几年，我国建筑产业现代化面临全面发展的大好形势，但作为一项新兴产业，也需在发展中不断解决体制、机制、技术等方面的新问题。社会对建筑产业化人才的需求量不断增加，人才培养的职业化、专业化、普及化，建筑产业现代化管理的科学化、标准化，都迫切需要系统的建筑产业现代化培训教材。

为此，济南市组织建筑产业现代化全产业链上，包括设计、生产、施工、监理、运输、装饰、职业院校等20多家单位成立编写委员会，在体现建筑产业现代化发展先进技术与工程实践紧密结合的原则指导下，按照教材编写的科学性和先进性、教材内容的实用性和专业性、教材语言表述的通俗性和可操作性等要求编写了两本教材，即《装配整体式混凝土结构工程施工》和《装配整体式混凝土结构工人操作实务》，分别面向广大建筑施工、生产企业一线管理人员和技术工人。

《装配整体式混凝土结构工程施工》作为国内第一本建筑产业化的系统培训材料，相信会给日益蓬勃发展的建筑产业现代化提供有益的启迪和探索。

田 庄

# 前　言

本书是面向建筑产业现代化一线管理人员的培训教材，遵循从整体到局部、从主干到分支的原则介绍和总结了装配整体式混凝土建筑从设计到施工、管理等方面的全过程和特点。

全书共分七章，主要内容如下：

第一章绪论；第二章介绍装配整体式建筑设计内容、适用范围及预制装配率；第三章对装配整体式建筑使用的构件部品及连接构造进行了详细介绍；第四章对装配整体式建筑施工技术及质量控制要点进行了详细介绍，并对装饰装修的相关内容如整体卫生间的安装、门窗安装、水电预埋预留的特点、难点也给予了介绍；第五章结合案例对装配式建筑的施工进度计划、场地布置、构件运输堆放、机械选型、劳动力组织给出了明确的指导，对于广大现场管理人员有较好的启发作用并对信息化管理给予了前瞻性说明；第六章对现场安全生产管理、施工设备安全使用、现场模架安全施工、绿色施工要求等方面均给予了详细地说明；第七章在当前尚缺少相应法规、规范的情况下对施工技术资料的整理和质量验收划分给出了原则性的指导意见以及可用于工程实际的操作细则。

对使用本书作为教材或参考书的教师提几点建议：

1. 装配整体式混凝土建筑是基于普通现浇建筑产生的新的建筑形式，因预制、安装、装配率的变化带来了施工组织管理的相应调整，故在讲解时宜将装配式与现浇模式进行对照讲解。

2. 考虑到不同基础程度的学生在接受本教材时应在相应章节给予适当调整及必要的补充提升。

3. 对工业 4.0 时代信息化管理的两个重要抓手——BIM 和物联网技术，在具体讲授时，教师可根据对此两项技术的理解程度，参考相关文献资料，结合工程实际案例做适当延伸。

因国内装配整体式混凝土建筑尚处于发展阶段，由规范、标准组成的技术保障体系尚在建设中。本教材侧重于工程实践，对于装配整体式混凝土建筑的技术特点、工程管理的理论探讨深度有限，遵循宁缺毋滥的原则，愿起到抛砖引玉之意。

限于时间紧促，不妥之处在所难免，我们将不断修订此书，使其日臻完善。

敬请读者批评指正。

# 目 录

第一章 绪论 ········································································································· 1
  第一节 国外装配整体式混凝土结构的发展概况 ····················································· 1
  第二节 我国装配整体式混凝土结构的发展历程 ····················································· 2
  第三节 装配整体式混凝土结构的发展意义和展望 ·················································· 4

第二章 基本知识 ·································································································· 6
  第一节 结构概述 ······················································································· 6
  第二节 常用结构形式分类 ············································································ 7
  第三节 不同结构形式的适用范围 ··································································· 11
  第四节 常规结构体系的改良 ········································································ 12
  第五节 建筑单体预制装配率 ········································································ 12

第三章 装配整体式混凝土结构 ················································································· 14
  第一节 装配整体式混凝土结构的主要材料 ······················································· 14
  第二节 装配整体式结构的基本构件 ······························································· 17
  第三节 围护构件 ······················································································ 22
  第四节 预制构件的连接 ·············································································· 24
  第五节 预制构件制作 ················································································ 43

第四章 装配整体式混凝土结构工程施工技术 ······························································· 48
  第一节 施工流程 ······················································································ 48
  第二节 构件安装 ······················································································ 49
  第三节 钢筋套筒灌浆技术要点 ····································································· 58
  第四节 后浇混凝土 ··················································································· 60
  第五节 结构质量控制 ················································································ 61
  第六节 水、电、暖等预留预埋 ····································································· 68
  第七节 居住建筑全装修施工 ········································································ 69

第五章 施工组织管理 ···························································································· 75
  第一节 项目施工进度管理 ··········································································· 75
  第二节 施工现场管理 ················································································ 77
  第三节 劳动力组织管理 ·············································································· 82
  第四节 材料、预制构件组织管理 ·································································· 83
  第五节 机械设备管理 ················································································ 84
  第六节 信息化管理 ··················································································· 88

第六章 安全生产管理 ···························································································· 95
  第一节 安全生产管理概述 ··········································································· 95
  第二节 起重机械与垂直运输设施安全管理 ······················································· 96

第三节　构件运输安全生产管理 …………………………………………… 107
　　第四节　起重吊装安全措施 ……………………………………………… 110
　　第五节　模板支撑架与防护架 …………………………………………… 115
　　第六节　绿色施工 ………………………………………………………… 123
第七章　技术资料与工程验收 ………………………………………………… 127
　　第一节　装配整体式混凝土结构施工验收划分 ………………………… 127
　　第二节　构件进场检验和安装验收 ……………………………………… 128
　　第三节　主体施工资料 …………………………………………………… 136
　　第四节　装饰装修资料 …………………………………………………… 139
　　第五节　安装工程资料 …………………………………………………… 139
　　第六节　围护结构节能验收资料 ………………………………………… 142
　　第七节　工程验收 ………………………………………………………… 145
参考文献 ………………………………………………………………………… 148

# 第一章 绪 论

装配整体式混凝土结构是国内外建筑工业化最重要的生产方式之一,它具有提高建筑质量、缩短工期、节约能源、减少消耗、清洁生产等诸多优点。目前,我国的建筑体系也借鉴国外经验采用装配整体式等方式,并取得了非常好的效果。所谓装配整体式混凝土结构,是由预制混凝土构件通过可靠的方式进行连接并与现场后浇混凝土、水泥基灌浆料形成整体的装配式混凝土结构。

## 第一节 国外装配整体式混凝土结构的发展概况

预制混凝土技术起源于英国。1875年英国人Lascell提出了在结构承重骨架上安装预制混凝土墙板的新型建筑方案。1891年法国巴黎Ed. Coigent公司首次在Biarritz的俱乐部建筑中使用预制混凝土梁。二战结束后,预制混凝土结构首先在西欧发展起来,然后推广到世界各国。

发达国家的装配式混凝土建筑经过几十年甚至上百年的时间,已经发展到了相对成熟、完善的阶段。但各国根据自身实际,选择了不同的道路和方式。

美国的装配式建筑起源于20世纪30年代。20世纪70年代,美国国会通过了国家工业化住宅建造及安全法案(National Manufactured Housing Construction and Safety Act),美国城市发展部出台了一系列严格的行业规范标准,一直沿用到今天。美国城市住宅以"钢结构+预制外墙挂板"的高层结构体系为主,在小城镇多以轻钢结构、木结构低层住宅体系为主。

法国、德国住宅以预制混凝土体系为主,钢、木结构体系为辅。多采用构件预制与混凝土现浇相结合的建造方式,注重保温节能特性。高层主要采用混凝土装配式框架结构体系,预制装配率达到80%。

瑞典是世界上住宅装配化应用最广泛的国家,新建住宅中通用部件占到了80%。丹麦发展住宅通用体系化的方向是"产品目录设计",它是世界上第一个将模数法制化的国家。

日本于1968年就提出了装配式住宅的概念。1990年推出了采用部件化、工业化生产方式,追求中高层住宅的配件化生产体系。2002年,日本发布了《现浇等同型钢筋混凝土预制结构设计指针及解说》。日本普通住宅以"轻钢结构和木结构别墅"为主,城市住宅以"钢结构或预制混凝土框架+预制外墙挂板"框架体系为主。

新加坡自20世纪90年代初开始尝试采用预制装配式住宅,预制化率很高。其中新加坡最著名的达士岭组屋,共50层,总高度为145m,整栋建筑的预制装配率达到94%。

## 第二节　我国装配整体式混凝土结构的发展历程

### 一、我国装配式混凝土结构建筑物的发展历程

我国预制混凝土起源于20世纪50年代，早期受苏联预制混凝土建筑模式的影响，主要应用在工业厂房、住宅、办公楼等建筑领域。20世纪50年代后期到80年代中期，绝大部分单层工业厂房都采用预制混凝土建造。20世纪80年代中期以前，在多层住宅和办公建筑中也大量采用预制混凝土技术，主要结构形式有：装配式大板结构、盒子结构、框架轻板结构和叠合式框架结构。20世纪70年代以后我国政府提倡建筑要实现三化，即工厂化、装配化、标准化。在这一时期，预制混凝土在我国发展迅速，在建筑领域被普遍采用，为我国建造了几十亿平方米的工业和民用建筑。

到20世纪70年代末80年代初，基本建立了以标准预制构件为基础的应用技术体系，包括以空心板等为基础的砖混住宅、大板住宅、装配式框架及单层工业厂房等技术体系。

从20世纪80年代中期以后，我国预制混凝土建筑因成本控制过低、整体性差、防水性能差以及国家建设政策的改革和全国性劳动力密集型大规模基本建设的高潮迭起，最终使装配式结构的比例迅速降低，自此步入衰退期。据统计，我国装配式大板建筑的竣工面积从1983~1991年逐年下降，20世纪80年代中期以后我国装配式大板厂相继倒闭，1992年以后就很少采用了。

进入21世纪后，预制部品构件由于它固有的一些优点在我国又重新受到重视。预制部品构件生产效率高、产品质量好，尤其是它可改善工人劳动条件、环境影响小，有利于社会可持续发展，这些优点决定了预制混凝土是未来建筑发展的一个必然方向。

近年来我国有关预制混凝土的研究和应用有回暖的趋势，国内相继开展了一些预制混凝土节点和整体结构的研究工作。在工程应用方面采用新技术的预制混凝土建筑也逐渐增多，如南京金帝御坊工程采用了预应力预制混凝土装配整体框架结构体系，大连43层的希望大厦采用了预制混凝土叠合楼面。相信随着我国预制混凝土研究和应用工作的开展，不远的将来预制混凝土将会迎来一个快速的发展时期。北京榆构等单位完成了多项公共建筑外墙挂板、预制体育场看台工程。2005年之后，万科集团、远大住工集团等单位在借鉴国外技术及工程经验的基础上，从应用住宅预制外墙板开始，成功开发了具有中国特色的装配式剪力墙住宅结构体系。

我国台湾和香港的装配式建筑启动以来未曾中断，一直处于稳定的发展成熟阶段。

我国台湾地区的装配式混凝土建筑体系和日本、韩国接近，装配式结构节点连接构造和抗震、隔震技术的研究和应用都很成熟。装配框架梁柱、预制外墙挂板等构件应用广泛。

我国香港在20世纪70年代末采用标准化设计，自1980年以后采用了预制装配式体系。叠合楼板、预制楼梯、整体式PC卫生间、大型PC飘窗外墙被大量用于高层住宅公屋建筑中。厂房类建筑一般采用装配式框架结构或钢结构建造。

### 二、我国装配整体式混凝土结构的技术体系

（一）我国装配整体式混凝土结构技术体系的研究

装配整体式混凝土结构的主体结构，依靠节点和拼缝将结构连接成整体并同时满足使

用阶段和施工阶段的承载力、稳固性、刚性、延性要求。连接构造采用钢筋的连接方式有灌浆套筒连接、搭接连接和焊接连接。配套构件如门窗、有水房间的整体性技术和安装装饰的一次性完成技术等也属于该类建筑的技术特点。

预制构件如何传力、协同工作是预制钢筋混凝土结构研究的核心问题，具体来说就是钢筋的连接与混凝土界面的处理。自2008年以来，我国广大科技人员在前期研究的基础上做了大量试验和理论研究工作，如Z形试件结合面直剪和弯剪性能单调加载试验、装配整体式混凝土框架节点抗震性能试验、预制剪力墙抗震试验和预制外挂墙板受力性能试验等，对装配整体式混凝土结构结合面的抗剪性能、预制构件的连接技术及纵向钢筋的连接性能进行了深入研究。2014年，为适应国家"十二五"规划及未来对住宅产业化发展的需求，国内学者对在装配式结构中占比较大的钢筋混凝土叠合楼板展开研究，对钢筋套筒灌浆料密实性进行研究。

装配整体式混凝土结构的预制构件（柱、梁、墙、板）在设计方面，遵循受力合理、连接可靠、施工方便、少规格、多组合原则。在满足不同地域对不同户型的需求的同时，建筑结构设计尽量通用化、模块化、规范化，以便实现构件制作的通用化。结构的整体性和抗倒塌能力主要取决于预制构件之间的连接，在地震、偶然撞击等作用下，整体稳固性对装配式结构的安全性至关重要。结构设计中必须充分考虑结构的节点、拼缝等部位的连接构造的可靠性。同时装配整体式混凝土结构设计要求装饰设计与建筑设计同步完成，构件详图的设计应表达出装饰装修工程所需预埋件和室内水电的点位。只有这样才能在装饰阶段直接利用预制构件中所预留预埋的管线，不会因后期点位变更而破坏墙体。

从我国现阶段情况看，尚未达到全部构件的标准化，建筑的个性化与构件的标准化仍存在着冲突，装配整体式混凝土结构的预制构件以设计图纸为制作及生产依据，设计的合理性直接影响项目的成本。发达国家经验表明，固定的单元格式也可通过多样性组合拼装出丰富的外立面效果，单元拼装的特殊视觉效果也许会成为装配整体式混凝土结构设计的突破口，要通过若干年发展实践，逐步实现构件、部品设计的标准化与模数化。

目前国内装配整体式混凝土结构按照等同现浇结构进行设计。

（二）我国装配整体式混凝土结构的技术体系种类

目前国内常用装配整体式建筑的结构体系有：装配整体式混凝土剪力墙结构体系、装配整体式混凝土框架结构体系、现浇混凝土框架外挂预制混凝土墙板体系（内浇外挂式框架体系）、现浇混凝土剪力墙外挂预制混凝土墙板体系（内浇外挂式剪力墙体系）、内部钢结构框架外挂混凝土墙板体系（内部钢结构外挂式框架体系）。

近些年国内建筑产业化企业在发展装配式PC建筑时，所采取的技术结构体系均有所不同，大致有以下几种类型。

万科在南方侧重于预制框架或框架结构外挂板＋装配整体式剪力墙结构，采取设计一体化、土建与装修一体化、PC窗预埋等技术；在北方侧重于装配整体式剪力墙结构。

远大住工为装配式叠合楼盖现浇剪力墙结构体系、装配式框架体系，围护结构采用外挂墙板。在整体厨卫、成套门窗等技术方面实现标准化设计。

南京大地建设采用装配式框架外挂板体系、预制预应力混凝土装配整体式框架结构体系。中南集团为全预制装配整体式剪力墙（NPC）体系。宝业集团为叠合式剪力墙装配整体式混凝土结构体系。上海城建集团为预制框架剪力墙装配式住宅结构技术体系。黑龙江宇辉集团为预制装配整体式混凝土剪力墙结构体系。山东万斯达为 PK（拼装、快速）系列装配整体式剪力墙结构体系。

# 第三节　装配整体式混凝土结构的发展意义和展望

## 一、装配整体式混凝土结构的发展意义

提高工程质量和施工效率。通过标准化设计、工厂化生产、装配化施工，减少了人工操作和劳动强度，确保了构件质量和施工质量，从而提高了工程质量和施工效率。

减少资源、能源消耗，减少建筑垃圾，保护环境。由于实现了构件生产工厂化，材料和能源消耗均处于可控状态；建造阶段消耗建筑材料和电力较少，施工扬尘和建筑垃圾大大减少。

缩短工期，提高劳动生产率。由于构件生产和现场建造在两地同步进行，建造、装修和设备安装一次完成，相比传统建造方式大大缩短了工期，能够适应目前我国大规模的城市化进程。

转变建筑工人身份，促进社会稳定、和谐。现代建筑产业减少了施工现场临时工的用工数量，并使其中一部分人进入工厂，变为产业工人，助推城镇化发展。

减少施工事故。与传统建筑相比，产业化建筑建造周期短、工序少、现场工人需求量小，可进一步降低发生施工事故的几率。

施工受气象因素影响小。产业化建造方式大部分构配件在工厂生产，现场基本为装配作业，且施工工期短，受降雨、大风、冰雪等气象因素的影响较小。

随着新型城镇化的稳步推进，人民生活水平不断提高，全社会对建筑品质的要求也越来越高。与此同时，能源和环境压力逐渐加大，建筑行业竞争加剧。建筑产业现代化对推动建筑业产业升级和发展方式转变，促进节能减排和民生改善，推动城乡建设走上绿色、循环、低碳的科学发展轨道，实现经济社会全面、协调、可持续发展，不仅意义重大，更迫在眉睫。

## 二、装配整体式混凝土结构的发展展望

我国在装配式结构的研究上已取得了一些成果，许多高校和企业为装配式结构的推广做出了贡献，同济大学、清华大学、东南大学以及哈尔滨工业大学等高校均进行了装配式框架结构的相关构造研究。在万科集团、远大住工集团等企业的大力推动下，装配式结构也得到了一定的推广应用。但目前主要的应用还是一些非结构构件，如预制外挂墙板、预制楼梯及预制阳台等；对于承重构件的应用（如梁、柱等）还是非常少。我国装配式结构未来的发展主要体现在以下几个方面：

（1）装配整体式混凝土结构在国内研究应用的较少，也很少有完整的施工图，国内仅有少量的设计院能够做装配整体式混凝土框架结构的设计，设计技术人员缺少，使之难以推广。我国应根据国家出台的相关规范，运用新的构造措施和施工工艺形成一个系统，以支撑装配式结构在全国范围内的广泛应用。

（2）目前，我国的工业化建筑体系处在专用体系的阶段，未达到通用体系的水平。只有实现在模数化规则下的设计标准化，才能实现构件生产的通用化，有利于提高生产效率和质量，有助于住宅部品的推广应用。

实现建筑与部品模数协调、部品之间的模数协调、部品的集成化和工业化生产、土建与装修的一体化，才能实现装修一次性到位。达到加快施工速度，减少建筑垃圾，实现可持续发展的目标。

（3）装配式结构在我国发展存在间断期，使得掌握这项技术的人才也产生了断代，且随着抗震要求的不断提高，混凝土结构的设计难度也更大了。我们应提高装配式结构的整体性能和抗震性能，使人们对装配式结构的认识不只停留在现浇结构上，积极推广装配整体式混凝土结构，推进应用具有可改造性的长寿命 SI 住宅。

（4）装配整体式混凝土结构预制构件间的连接技术在保证整体结构安全性、整体性的前提下，尽量简化连接构造，降低施工中不确定性对结构性能的影响。目前我国预制构件的连接方法主要采用套筒灌浆与浆锚连接两种，开发工艺简单、性能可靠的新型连接方式是装配整体式混凝土结构发展的需要。

（5）日本于 1974 年建立了住宅部品认定制度，经过认定的住宅部品，政府强制要求在公营住宅中使用，同时也受到市场的认可并普遍被采用。

我国建筑预制构件和部品生产单位水平参差不齐、所生产的产品良莠不一。目前我国缺乏专门部门对其进行相关认定。这既不利于保证部品及构件的质量，也不利于企业之间展开充分竞争。我国可以学习日本"BL"制度经验，建立优良住宅部品认定制度，形成住宅部品优胜劣汰的机制；建立这项权威制度，是推动住宅产业和住宅部品发展的一项重要措施。

（6）目前我国装配整体式混凝土结构处于发展初期，设计、施工、构件生产、思想观念等方面都在从现浇向预制装配转型。这一时期宜以少量工程为样板，以严格技术要求进行控制，样板先行再大量推广。应关注新型结构体系带来的外墙拼缝渗水、填缝材料耐久性、叠合板板底裂缝等非结构安全问题，总结经验，解决新体系下的质量常见问题。

# 第二章 基 本 知 识

## 第一节 结 构 概 述

建筑物的整个建造过程可以分为：地基与基础工程施工、主体工程施工、安装工程施工、装饰装修工程施工等。建筑物的主体工程又可以分为：主体结构和围护结构两大部分。

建筑物的主体结构按照受力方式分类，主要有：框架结构、剪力墙结构、框架-剪力墙结构、排架结构、框筒结构、筒体结构等。按照这样的分类，设计人员可以针对建筑物所承受的结构自重及外部荷载，进行整体结构分析，从而得出建筑结构每一具体位置所受的内力数值。

建筑物的主体结构按照组成材料分类，可分为：混凝土结构（按照预制率的不同，可分为全装配、装配整体式、现浇混凝土结构）、钢结构、木结构、混合结构等。

采用不同的建筑材料与结构受力方式，构成了更加丰富的结构形式种类，如：混凝土框架结构、混凝土剪力墙结构、混凝土框架-剪力墙结构、混凝土排架结构等；也可以是：钢框架结构、钢排架结构等，详见表2-1。

按受力形式和材料的常用结构形式分类　　　　表2-1

| 材料分类<br>受力形式 | 混凝土结构 | | 钢结构 | 混合结构 |
|---|---|---|---|---|
| | 混凝土（全现浇） | 预制混凝土（PC） | | |
| 框架结构 | 混凝土<br>框架结构（全现浇） | 装配整体式<br>混凝土框架结构 | 钢框架<br>结构 | 混凝土柱-钢梁<br>框架结构 |
| 剪力墙结构 | 混凝土<br>剪力墙结构（全现浇） | 装配整体式<br>混凝土剪力墙结构 | — | 钢骨混凝土<br>剪力墙结构 |
| 框架-剪力墙结构 | 混凝土框架-<br>剪力墙结构（全现浇） | 装配整体式混凝土框架-<br>剪力墙结构 | 钢框架-钢斜撑结构 | 钢框架-混凝土<br>剪力墙结构 |
| 排架结构 | 混凝土<br>排架结构（全现浇） | 装配整体式排架结构 | 门式刚架 | 混凝土柱-<br>钢屋架排架结构 |

混合结构是最近十余年新出现的新型结构形式。在混合结构中，既采用混凝土构件，也采用钢构件。充分发挥型钢和混凝土两种材料的优点，在超高层建筑中得到广泛应用，进一步拓展了建筑结构的适用范围。

预制混凝土构件的采用，正在引起建筑业的一场深刻变革，引导了建筑产业化的兴起。在装配整体式结构中，既采用预制混凝土构件，也采用现浇混凝土叠合后浇。通过采用工业化的手段，从而达到节约人工、提高施工速度、绿色施工的目标。2014年10月1日，国家颁布实施了《装配式混凝土结构技术规程》JGJ 1-2014，山东省发布实施了

《装配整体式混凝土结构设计规程》DB 37/T 5018-2014、《装配整体式混凝土结构工程施工与质量验收规程》DB 37/T 5019-2014、《装配整体式混凝土结构工程预制构件制作与验收规程》DB 37/T 5020-2014，为装配整体式结构的应用和发展提供了广泛前景。

## 第二节 常用结构形式分类

建筑物的主体结构可按照两种方式进行分类：一是按照受力方式分类，常用的有框架结构、剪力墙结构、框架-剪力墙结构和排架结构等；二是按照建筑材料分类，常用的有现浇混凝土结构、装配式钢筋混凝土结构、钢结构和混合结构等。

**一、按照受力方式分类**
（一）框架结构
1. 框架结构的组成

框架结构是由梁和柱连接而成的，梁柱连接处的框架节点通常为刚接。为利于结构受力，框架梁宜拉通、对直，框架柱宜纵横对齐、上下对中，梁柱轴线宜在同一竖向平面内。

2. 框架结构的建筑平面布局

框架结构的平面布置既要满足生产施工和建筑平面布置的要求，又要使结构受力合理，施工方便，以加快施工进度，降低工程造价。

建筑设计及结构布置时既要考虑到建筑结构的模数化、标准化，又要考虑到构件的长度和质量，使之满足吊装、运输设备的限制条件，并尽量减少预制构件的规格种类，提高模具的利用率，以满足工厂化生产及现场装配的要求，提高生产和现场装配效率。

柱网尺寸宜统一，跨度大小和抗侧力构件布置宜均匀、对称，尽量减小偏心，减小结构的扭转效应，并应考虑结构在竖向荷载作用下内力分布均匀合理，各构件材料强度均能得到充分利用。设计应根据建筑使用功能的要求，结合结构受力的合理性、经济性、方便施工等因素确定。

3. 框架结构的竖向布置

框架沿高度方向各层平面柱网尺寸宜相同，框架柱宜上下对齐，尽量避免因楼层某些框架柱取消而形成竖向不规则框架，如因建筑功能需要造成不规则时，应视不规则程度采取加强措施，如加厚楼板、增加边梁配筋等。

框架柱截面尺寸宜沿高度方向由大到小均匀变化，混凝土强度等级宜和柱截面尺寸错开楼层变化，以使结构侧向刚度均匀变化。同时应尽可能使框架柱截面中心对齐，或上下柱仅有较小的偏心。

4. 结构的体型规则性

平面和立面不规则的体型，在水平荷载作用下，由于体型突变，受力比较复杂，因此建筑体型在平面及立面上应尽量避免部分突出及刚度突变。若不能避免时，则应在结构布置上局部加强。在平面上有突出部分的房屋，应考虑到突出部分在地震力作用下由局部振动引起的内力，沿突出部分两侧的框架梁、柱要适当加强。

（二）剪力墙结构
1. 剪力墙结构的特点

用钢筋混凝土剪力墙（用于抗震结构时也称为抗震墙）承受竖向荷载和抵抗侧向力的

结构称为剪力墙结构,也称为抗震墙结构。

剪力墙结构整体性好,承载力及侧向刚度大。合理设计的剪力墙结构具有良好的抗震性能。在历次地震中,剪力墙的震害一般比较轻。剪力墙结构适用于多、高层住宅及高层公共建筑。

2. 剪力墙的结构布置

装配整体式剪力墙的结构布置要求与现浇剪力墙基本一致,宜简单、规则、对称,不应采用不规则的平面布置。

剪力墙在平面内应双向布置,沿高度方向宜连续布置。剪力墙一般需要开洞作为门窗,洞口宜上下对齐,成列布置,形成具有规则洞口的联肢剪力墙,避免出现洞口不规则的错洞墙。

高层装配整体式剪力墙结构的底部加强部位一般采用现浇结构,顶层一般采用现浇楼盖结构,这保证了结构的整体性。高层建筑可设置地下室,这提高了结构在水平力作用下的抗滑移、抗倾覆的能力;地下室采用装配整体式并无明显的成本和工期优势,采用现浇结构既可以保证结构的整体性,又可以提高结构的抗渗性能。

剪力墙等预制构件的连接部位宜设置在构件受力较小的部位,预制构件的拆分应便于标准化生产、吊装、运输和就位,同时还应满足建筑模数协调、结构承载能力及便于质量控制的要求。

(三)框架-剪力墙结构

装配整体式框架-剪力墙结构布置原则:装配整体式框架-剪力墙结构要符合第一节对装配整体式框架的要求,剪力墙宜对称布置,各片墙的刚度宜接近,长度较长的剪力墙宜设置洞口和连梁形成双肢墙或多肢墙,各层每道剪力墙承受的水平力不宜超过相应楼层总水平力的40%。抗震设计时结构两主轴方向均应布置剪力墙,梁与柱、柱与剪力墙的中心线宜重合,当不能重合时,在计算中应考虑其影响,并采取加强措施。

(四)排架结构

柱与屋架(或屋面梁)采用铰接连接形成的一种结构体系,简称排架结构。柱列的纵向(连同其基础)用吊车梁、连系梁、柱间支撑等构件联系。排架结构根据所采用材料的不同,主要分为:现浇混凝土排架结构、预制混凝土排架结构和钢排架结构等。

排架结构主要由排架柱、屋盖、外围护墙、支撑体系、基础等组成。

## 二、按照建筑材料分类

(一)现浇混凝土结构

在现场原位支模并整体浇筑而成、以混凝土为主制成的结构。

1. 材料选用

混凝土是指由胶凝材料、骨料和水(或不加水)按适当的比例配合、拌合制成混合物,经一定时间硬化而成的人造石材。

钢筋分为普通钢筋和预应力钢筋。普通钢筋是用于混凝土结构构件中的各种非预应力筋的总称。预应力钢筋是用于混凝土构件中施加预应力的钢丝、钢绞线和预应力螺纹钢筋等的总称。

2. 钢筋的锚固

钢筋与混凝土之间的共同作用,依靠钢筋与混凝土的握裹力实现。为了保证钢筋与混凝土之间的握裹力，钢筋需要在混凝土之中具有一定的锚固长度。锚固长度就是受力钢筋依靠其表面与混凝土的粘结作用或端部构造的挤压作用而达到设计承受应力所需的长度。

3. 钢筋的连接

钢筋通过绑扎搭接、机械连接、焊接等方法实现钢筋之间内力传递的构造方式。

4. 基本规定

混凝土结构设计应包括下列内容：

（1）结构方案设计，包括结构选型、构件布置及传力途径；
（2）作用及作用效应分析；
（3）结构的极限状态设计；
（4）结构及构件的构造、连接措施；
（5）耐久性及施工的要求；
（6）满足特殊要求结构的专门性能设计。

（二）装配式钢筋混凝土结构

由预制混凝土构件通过可靠的连接方式装配而成的混凝土结构，包括装配整体式混凝土结构、全装配混凝土结构等。在建筑工程中，简称装配整体式混凝土结构；在结构工程中，简称装配式结构。

1. 材料选用

混凝土、钢筋和钢材的力学性能指标和耐久性要求等应符合现行国家标准《混凝土结构设计规范》GB 50010 和《钢结构设计规范》GB 50017 的规定。

钢筋的选用应符合现行国家标准《混凝土结构设计规范》GB 50010 的规定，普通钢筋采用套筒灌浆连接和浆锚搭接连接时，钢筋应采用热轧带肋钢筋。

2. 连接方式

装配式钢筋混凝土结构除了采用传统的焊接、螺栓连接、锚栓连接以外，还采用了钢筋套筒灌浆连接、浆锚搭接连接等新型连接方式。

钢筋套筒灌浆连接接头采用的套筒应符合现行行业标准《钢筋连接用灌浆套筒》JG/T 398 的规定，灌浆料应符合《钢筋连接用套筒灌浆料》JG/T 408 的规定。

连接用焊接材料，螺栓和锚栓等紧固件的材料应符合国家现行标准《钢结构焊接规范》GB 50661 和《钢筋焊接及验收规程》JGJ 18 等的规定。

3. 基本规定

（1）装配式结构的作用及作用组合应根据国家现行标准《建筑结构荷载规范》GB 50009、《建筑抗震设计规范》GB 50011、《高层建筑混凝土结构技术规程》JGJ 3 和《混凝土结构工程施工规范》GB 50666 等确定。

（2）预制构件在翻转、运输、吊运、安装等短暂设计状态下的施工验算，应将构件自重标准值乘以动力系数后作为等效静力荷载标准值。

（3）预制构件进行脱模验算时，等效静力荷载标准值应取构件自重标准值乘以动力系数后与脱模吸附力之和，可根据现场实测确定，且不宜小于构件自重标准值的 1.5 倍。

（三）钢结构

结构主要由型钢和钢板等制成的钢梁、钢柱、钢桁架等构件组成，各构件或部件之间通常采用焊缝、螺栓或铆钉连接。因其自重较轻，且施工简便，广泛应用于大型厂房、场馆、超高层等领域。

1. 材料选用

承重结构的钢材宜采用 Q235 钢、Q345 钢、Q390 钢和 Q420 钢，其质量应分别符合现行国家标准《碳素结构钢》GB/T 700 和《低合金高强度结构钢》GB/T 1591 的规定。

承重结构采用的钢材应具有抗拉强度、伸长率、屈服强度和硫、磷含量的合格保证，对焊接结构尚应具有碳含量的合格保证。

焊接承重结构以及重要的非焊接承重结构采用的钢材还应具有冷弯试验的合格保证。

2. 连接方式

钢结构的连接一般采用焊接连接、螺栓连接、铆钉连接等方式。

连接用焊接材料，螺栓和铆钉等紧固件的材料应符合国家现行标准《钢结构焊接规范》GB 50661 和《钢筋焊接及验收规程》JGJ 18 等的规定。

3. 基本规定

（1）承重结构应进行承载能力极限状态设计；

（2）承重结构应进行正常使用极限状态设计；

（3）设计钢结构时，荷载的标准值、荷载分项系数、荷载组合值系数、动力荷载的动力系数等，应按照国家标准《建筑结构荷载规范》GB 50009 的规定采用；

（4）设计钢结构时，应从工程实际出发，合理选用材料、结构方案和构造措施，满足结构构件在运输、安装和使用过程中的强度、稳定性和刚度要求，并符合防火、防腐蚀要求。

（四）混合结构

由钢框架、型钢混凝土框架、钢管混凝土框架与钢筋混凝土核心筒体所组成的共同承受水平和竖向作用的建筑结构。

1. 材料选用

混合结构中采用的钢管、型钢应符合现行国家标准《钢结构设计规范》GB 50017 的规定。

混合结构中采用的混凝土强度等级不应低于 C30，混凝土的抗压强度和弹性模量应按现行国家标准《混凝土结构设计规范》GB 50010 执行。

用于混合结构中钢构件的焊接材料，应符合现行国家标准《非合金钢及细晶粒钢焊条》GB/T 5117 和《热强钢焊条》GB/T 5118 的规定。

普通螺栓和高强度螺栓连接的设计应按现行国家标准《钢结构设计规范》GB 50017 执行。

2. 连接方式

（1）混合结构中的钢管、型钢的连接采用焊接连接、螺栓连接等方式。

（2）混合结构中的钢筋采用绑扎搭接、机械连接、焊接等方式进行连接。

（3）钢管混凝土结构中的混凝土采用现场原位支模，或者直接利用钢管作为外模板，整体浇筑而成。

3. 结构布置

（1）混合结构的平面布置宜简单、规则、对称、具有足够的整体抗扭刚度，平面宜采用方形、矩形、多边形、圆形、椭圆形等规则平面，建筑的开间、进深宜统一；

（2）混合结构的竖向布置应使结构的侧向刚度和承载力沿竖向均匀变化、无突变，构件截面宜由下至上逐渐变小。

## 第三节 不同结构形式的适用范围

### 一、（现浇）钢筋混凝土结构、钢结构、混合结构的适用范围

根据《建筑抗震设计规范》GB 50011-2010 和《高层建筑混凝土结构技术规程》JGJ 3-2010 的规定，（现浇）钢筋混凝土结构、钢结构、混合结构房屋的最大适用高度见表2-2，最大高宽比见表2-3。

（现浇）钢筋混凝土结构、钢结构、混合结构房屋的最大适用高度（m） 表 2-2

| 结构类型 | | 抗震设防烈度 | | | | |
|---|---|---|---|---|---|---|
| | | 6度 | 7度 | 8度（0.2g） | 8度（0.3g） | 9度 |
| 钢筋混凝土框架结构 | | 60 | 50 | 40 | 35 | 9 |
| 钢筋混凝土框架-剪力墙结构 | | 130 | 120 | 100 | 80 | 50 |
| 钢筋混凝土剪力墙结构 | | 140 | 120 | 100 | 80 | 60 |
| 钢筋混凝土部分框支-剪力墙结构 | | 120 | 100 | 80 | 50 | 不应采用 |
| 结构类型 | | 6度、7度（0.10g） | 7度（0.15g） | 8度（0.2g） | 8度（0.3g） | 9度 |
| 钢框架结构 | | 110 | 90 | 90 | 70 | 50 |
| 钢框架-中心支撑 | | 220 | 220 | 180 | 150 | 120 |
| 钢框架-偏心支撑（延性墙板） | | 240 | 240 | 200 | 180 | 160 |
| 混合结构 | 钢框架-钢筋混凝土核心筒 | 200 | 160 | 120 | 100 | 70 |
| | 型钢（钢管）混凝土框架-钢筋混凝土核心筒 | 220 | 190 | 150 | 130 | 70 |

（现浇）钢筋混凝土结构、钢结构、混合结构房屋适用的最大高宽比 表 2-3

| 结构类型 | 非抗震设计 | 抗震设防烈度 | | |
|---|---|---|---|---|
| | | 6度、7度 | 8度 | 9度 |
| 钢筋混凝土框架结构 | 5 | 4 | 3 | — |
| 钢筋混凝土框架-剪力墙结构 | 7 | 6 | 5 | 4 |
| 钢筋混凝土剪力墙结构 | 7 | 6 | 5 | 4 |
| 钢框架、钢框架支撑结构 | — | 6.5 | 6.0 | 5.5 |
| 钢框架、型钢（钢管）混凝土框架-钢筋混凝土核心筒 | 8 | 8 | 7 | 5 |

### 二、装配整体式钢筋混凝土结构的适用范围

根据《装配式混凝土结构技术规程》JGJ 1-2014 的规定，装配整体式结构房屋的最大适用高度见表 2-4，最大高宽比见表 2-5。

装配整体式结构房屋的最大适用高度（m）　　　表 2-4

| 结构类型 | 非抗震设计 | 抗震设防烈度 | | | |
|---|---|---|---|---|---|
| | | 6度 | 7度 | 8度（0.2g） | 8度（0.3g） |
| 装配整体式框架结构 | 70 | 60 | 50 | 40 | 30 |
| 装配整体式框架-现浇剪力墙结构 | 150 | 130 | 120 | 100 | 80 |
| 装配整体式剪力墙结构 | 140（130） | 130（120） | 110（100） | 90（80） | 70（60） |
| 装配整体式部分框支-现浇剪力墙结构 | 120（110） | 110（100） | 90（80） | 70（60） | 40（30） |

注：房屋高度指室外地面到主要屋面的高度，不包括局部突出屋面的部分，当预制剪力墙构件底部承担总剪力大于该层总剪力的80%时，最大适用高度取括号内数值。

装配整体式结构房屋适用的最大高宽比　　　表 2-5

| 结构类型 | 非抗震设计 | 抗震设防烈度 | |
|---|---|---|---|
| | | 6度、7度 | 8度 |
| 装配整体式框架结构 | 5 | 4 | 3 |
| 装配整体式框架-现浇剪力墙结构 | 6 | 6 | 5 |
| 装配整体式剪力墙结构 | 6 | 6 | 5 |

## 第四节　常规结构体系的改良

近年来，许多公司尝试在常规结构体系不变的情况下，局部采用预制混凝土构件（PC）改良原有结构体系的施工性能和建筑耐久性。主要的表现形式有以下几种：

**一、现浇混凝土框架外挂预制混凝土墙板体系（内浇外挂式框架结构体系）**

内浇外挂式框架结构体系中竖向承重构件柱采用现浇方式，水平结构构件采用叠合梁和叠合楼板形式。同时，内隔墙、楼梯、阳台板及预制混凝土夹心保温外墙挂板等都可采用预制混凝土构件。

**二、现浇混凝土剪力墙外挂预制混凝土墙板体系（内浇外挂式剪力墙结构体系）**

内浇外挂式剪力墙结构体系中竖向承重构件剪力墙采用现浇方式，水平结构构件采用叠合梁和叠合楼板形式。同时，内隔墙、楼梯、阳台板及预制混凝土夹心保温外墙挂板等都可采用预制混凝土构件。

**三、内部钢结构框架、外挂钢筋混凝土墙板体系（内部钢结构外挂式框架体系）**

内部钢结构框架、外挂钢筋混凝土墙板体系是指采用钢骨架作为受力构件，通过螺栓连接或焊接等方式进行连接形成的结构，楼（屋）盖采用混凝土叠合楼（屋）面板。同时，内隔墙、楼梯、阳台板及外墙挂板等可采用预制构件。

## 第五节　建筑单体预制装配率

**一、建筑单体预制装配率概念**

预制率：工业化建筑室外地坪以上主体结构与围护结构中，预制构件部分的混凝土用量占对应混凝土总用量的比率。

装配率：工业化建筑中预制构件、建筑部品的数量（或面积）占同类构件或部品总数量（或面积）的比率。

建筑单体预制装配率：预制率与装配率之合计，各地建设行业主管部门根据当地的产业发展情况，制定建筑物预制装配率的最低要求。

## 二、建筑单体预制装配率的简化统计

济南市根据相关施工企业提供的测算数据，进行分类归纳整理得出的统计数据。经过建筑产业化专家委员会集体讨论通过后发布，可作为各有关单位统计和计算建筑单体预制装配率的依据，也可作为实际工作中的参考。由于按照以上公式进行计算较为繁琐，使用起来不方便，为加强"建筑单体预制装配率"的可操作性，经过统计测算对各建筑结构类型中的A、B、C、D、E、F给予赋值，见表2-6。

建筑单体预制装配率简化测算表　　　　　表2-6

| 构件名称＼模板比例 | 结构类型 | | | 可选择性 |
|---|---|---|---|---|
| | 框架及框剪 | 剪力墙 | 框架核心筒 | |
| 外墙 E | 20% | 35%（含梁、柱） | 10% | 必选 |
| 柱 A | 15% | — | 10% | 可选 |
| 梁 B | 20% | — | 20% | 可选 |
| 楼板（含阳台）C | 30% | 30% | 30% | 可选 |
| 楼梯 D | 5% | 5% | 5% | 可选 |
| 内墙 F | 10% | 30%（含梁、柱） | 25% | 可选 |
| 预制率合计 | 100% | 100% | 100% | |
| 整体卫生间 H | 10% | 10% | 10% | 可选 |
| 整体厨房 I | 15% | 15% | 15% | 可选 |
| 装配率合计 | 25% | 25% | 25% | |
| 预制装配率合计 | 125% | 125% | 125% | |

## 三、玻璃幕墙装配率的认定

对于玻璃幕墙是否算预制外墙的问题，可以按照以下原则进行认定：

外墙采用装配整体式玻璃幕墙，且满足国家和地方建筑节能标准，可认定该玻璃幕墙为预制装配式外墙。玻璃幕墙仅作为外部装饰构件，内部还存在内衬墙体的，不认定该玻璃幕墙为预制装配式外墙。

## 四、钢构件装配率的认定

钢构件是在工厂制造的预制构件。运送到工地以后，通过螺栓连接和焊接的方式进行连接，从而形成整体的结构。因此，钢构件符合预制构件的基本特征，应当认定为预制构件。

在认定建筑单体预制装配率的时候，凡遇到钢柱、梁、楼板、楼梯、斜支撑等钢构件，应当按照预制构件进行统计。

# 第三章 装配整体式混凝土结构

## 第一节 装配整体式混凝土结构的主要材料

装配整体式混凝土结构的主要材料包括：钢筋、型钢、混凝土、连接材料等。

### 一、钢筋

钢筋是指钢筋混凝土用和预应力钢筋混凝土用钢材，包括光圆钢筋和带肋钢筋。

钢筋自身具有较好的抗拉、抗压强度，同时与混凝土之间具有很好的握裹力。因此两者结合形成的钢筋混凝土，既充分发挥了混凝土的抗压强度，又充分发挥了钢筋的抗拉强度，是一种耐久性、防火性很好的结构受力材料。

装配整体式结构中，钢筋的各项力学性能指标均应符合现行国家标准《混凝土结构设计规范》GB 50010 的规定，其中采用套筒灌浆连接和浆锚搭接连接的钢筋应采用热轧带肋钢筋。

### 二、型钢

型钢是一种有一定截面形状和尺寸的条形钢材。按照钢的冶炼质量不同，型钢分为普通型钢和优质型钢。

普通型钢按照其断面形状又可分为工字钢、槽钢、角钢、圆钢等。

型钢可以在工厂直接热轧而成，或者采用钢板切割、焊接而成。

型钢的材料要求：装配整体式结构中，钢材的各项性能指标均应符合现行国家标准《钢结构设计规范》GB 50017 的规定。

### 三、混凝土

混凝土是指由胶凝材料、骨料和水（或不加水）按适当的比例配合、拌合制成混合物，经一定时间硬化而成的人造石材。在装配整体式混凝土结构中主要用于制作预制混凝土构件和现场后浇。

混凝土的材料要求：装配整体式结构中，混凝土的各项力学性能指标和有关结构耐久性的要求应符合现行国家标准《混凝土结构设计规范》GB 50010 的规定。预制构件的混凝土强度等级不宜低于 C30，预制预应力构件的混凝土强度等级不宜低于 C40，且不应低于 C30；现浇混凝土的强度等级不应低于 C25。

### 四、连接材料

装配整体式混凝土结构的连接材料主要有钢筋连接用灌浆套筒和灌浆料。

#### （一）钢筋连接用灌浆套筒

通过水泥基灌浆料的传力作用将钢筋对接连接所用的金属套筒，通常采用铸造工艺或者机械加工工艺制造，包括全灌浆套筒和半灌浆套筒两种形式。前者两端均采用灌浆方式与钢筋连接，后者一端采用灌浆方式与钢筋连接，而另一端采用非灌浆方式与钢筋连接（通常采用螺纹连接），见图 3-1。

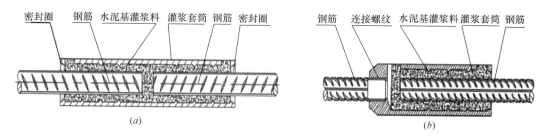

图 3-1 灌浆接头结构示意图
(a) 全灌浆接头；(b) 半灌浆接头

（二）钢筋连接用灌浆套筒灌浆料

以水泥为基本材料，配以适当的细骨料，以及混凝土外加剂和其他材料组成的干混料，加水搅拌后具有良好的流动性、早强、高强、微膨胀等性能，填充于套筒和带肋钢筋间隙内。

**五、其他材料**

（一）保温材料

夹心外墙板宜采用 EPS 板或 XPS 板等作为保温材料，保温材料除应符合设计要求外，尚应符合现行国家和地方标准的要求。

EPS 板和 XPS 板的主要性能指标应符合表 3-1 的规定，其他性能指标应符合现行国家标准《绝热用模塑聚苯乙烯泡沫塑料》GB/T 10801.1 和《绝热用挤塑聚苯乙烯泡沫塑料（XPS）》GB/T 10801.2 的规定。

**EPS 板和 XPS 板主要性能指标** 表 3-1

| 项 目 | 单 位 | 性能指标 | | 实 验 方 法 |
| --- | --- | --- | --- | --- |
| | | EPS 板 | XPS 板 | |
| 表观密度 | kg/m³ | 20～30 | 30～35 | 《泡沫塑料及橡胶 表观密度的测定》GB/T 6343-2009 |
| 导热系数 | W/(m·K) | ≤0.041 | ≤0.03 | 《绝热材料稳态热阻及有关特性的测定 防护热板法》GB/T 10294-2008 |
| 压缩强度 | MPa | ≥0.10 | ≥0.20 | 《硬质泡沫塑料压缩性能的测定》GB/T 8813-2003 |
| 燃烧性能 | — | 不低于 $B_2$ 级 | | 《建筑材料及制品燃烧性能分级》GB 8624-2012 |
| 尺寸稳定性 | % | ≤3 | ≤2.0 | 《硬质泡沫塑料 尺寸稳定性试验方法》GB/T 8811-2008 |
| 吸水率(体积分数) | % | ≤4 | ≤1.5 | 《硬质泡沫塑料吸水率的测定》GB/T 8810-2005 |

（二）外墙保温拉结件

外墙保温拉结件是用于连接预制保温墙体内、外层混凝土墙板，传递墙板剪力，以使内外层墙板形成整体的连接器，见图 3-2、图 3-3。拉结件宜采用纤维增强复合材料或不锈钢薄钢板加工制成，见图 3-4、图 3-5。夹心外墙板中，内外叶墙板的拉结件应符合下列规定：

（1）金属及非金属材料拉结件均应具有规定的承载力、变形和耐久性能，并应经过试验验证；

（2）拉结件应满足防腐和耐久性要求；

（3）拉结件应满足夹心外墙板的节能设计要求。

 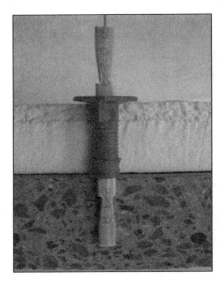

图 3-2　外墙保温拉结件连接图　　　　图 3-3　外墙保温拉结件

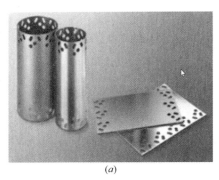 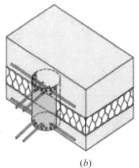

(a)　　　　　　　　　　(b)

图 3-4　不锈钢圆形、板型连接件
(a) 实物图；(b) 示意图

（4）外墙保温连接件的拉伸强度（MPa）、弯曲强度（MPa）、剪切强度（MPa）满足国家标准或行业标准规定方可使用。

(三) 预埋件

预埋件的材料、品种、规格、型号应符合国家相关标准规定和设计要求。预埋件的防腐防锈应满足现行国家标准《工业建筑防腐蚀设计规范》GB 50046 和《涂覆涂料前钢材表面处理　表面清洁度的目视评定》GB/T 8923 的规定。

管线的材料、品种、规格、型号应符合国家相关标准规定和设计要求。管线的防腐防锈应满足现行国家标准《工业建筑防腐蚀设计规范》GB 50046 和《涂覆涂料前钢材表面处理　表面清洁度的目视评定》GB/T 8923 的规定。

构件中的预埋件一般有：吊装吊点；施工安装加固点；构件连接预埋（剪力墙结构）；后浇混凝土模板加固点；外挂安全平台吊点（外墙板）；电气、网络等管线，参见图 3-5。

图 3-5 内螺纹螺栓

（四）外装饰材料

涂料和面砖等外装饰材料质量、拉拔试验等应满足现行相关标准和设计要求。当采用面砖饰面时，宜选用背面带燕尾槽的面砖，燕尾槽尺寸应符合工程设计和相关标准要求。其他外装饰材料应符合相关标准规定。

## 第二节 装配整体式结构的基本构件

装配整体式结构的基本构件主要包括柱、梁、剪力墙、楼（屋）面板、楼梯、阳台、空调板、女儿墙等，这些主要受力构件通常在工厂预制加工完成，待强度符合规定要求后进行现场装配施工。

### 一、预制混凝土柱

从制造工艺上看，预制混凝土柱包括预制混凝土实心柱和预制混凝土矩形柱壳两种形式，见图 3-6、图 3-7。预制混凝土柱的外观多种多样，包括矩形、圆形和工字形等。在满足运输和安装要求的前提下，预制柱的长度可达到 12m 或更长。

### 二、预制混凝土梁

预制混凝土梁根据制造工艺不同可分为预制实心梁、预制叠合梁两类，见图3-8、图 3-9。预制实心梁制作简单，构件自重较大，多用于厂房和多层建筑中。预制叠合梁便于预制柱和叠合楼板连接，整体性较强，运用十分广泛。预制梁壳通常用于梁截面较大或起吊质量受到限制的情况，优点是便于现场钢筋的绑扎，缺点是预制工艺较复杂。

图 3-6 预制混凝土实心柱

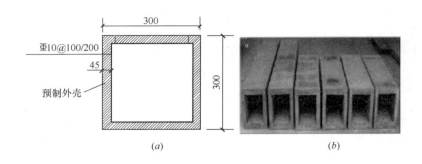

图 3-7 预制混凝土矩形柱壳
（a）外壳尺寸；（b）外壳实物

图 3-8 搁置于柱上的预制 L 形实心梁

图 3-9 预制叠合梁

按是否采用预应力来划分，预制混凝土梁可分为预制预应力混凝土梁和预制非预应力混凝土梁。预制预应力混凝土梁集合了预应力技术节省钢筋、易于安装的优点，生产效率高、施工速度快，在大跨度全预制多层框架结构厂房中具有良好的经济性。

### 三、预制混凝土剪力墙

预制混凝土剪力墙从受力性能角度分为预制实心剪力墙和预制叠合剪力墙。

图 3-10 预制实心剪力墙

（一）预制实心剪力墙

预制实心剪力墙是指将混凝土剪力墙在工厂预制成实心构件，并在现场通过预留钢筋与主体结构相连接，见图3-10。随着灌浆套筒在预制剪力墙中的使用，预制实心剪力墙的使用越来越广泛。

预制混凝土夹心保温剪力墙是一种结构保温一体化的预制实心剪力墙，由外叶、内叶和中间层三部分组成。内叶是预制混凝土实心剪力墙，中间层为保温隔热层，外叶为保温隔热层的保护层。保温隔热层与内外叶之间采用拉结件连接。拉结件可以采用玻璃纤维钢筋或不锈钢拉结件。预制混凝土夹心保温剪力墙通常作为建筑物的承重外墙，见图 3-11。

（二）预制叠合剪力墙

预制叠合剪力墙是指一侧或两侧均为预制混凝土墙板，在另一侧或中间部位现浇混凝土从而形成共同受力的剪力墙结构，见图 3-12。预制叠合剪力墙结构在德国有着广泛的运用，在上海和合肥等地已有所应用。它具有制作简单、施工方便等优势。

图 3-11 预制混凝土夹心保温剪力墙

图 3-12 预制叠合剪力墙

**四、预制混凝土楼面板**

预制混凝土楼面板按照制造工艺不同可分为预制混凝土叠合板、预制混凝土实心板、预制混凝土空心板、预制混凝土双 T 板等。

预制混凝土叠合板最常见的主要有两种，一种是桁架钢筋混凝土叠合板，另一种是预制带肋底板混凝土叠合楼板。桁架钢筋混凝土叠合板属于半预制构件，下部为预制混凝土板，外露部分为桁架钢筋，见图 3-13、图 3-14。预制混凝土叠合板的预制部分厚度通常为 60mm，叠合楼板在工地安装到位后要进行二次浇筑，从而成为整体实心楼板。桁架钢筋的主要作用是将后浇筑的混凝土层与预制底板形成整体，并在制作和安装过程中提供刚度。伸出预制混凝土层的桁架钢筋和粗糙的混凝土表面保证了叠合楼板预制部分与现浇部分能有效结合成整体。

图 3-13 桁架钢筋混凝土叠合板

图 3-14 桁架钢筋混凝土叠合板安装

预制带肋底板混凝土叠合楼板是一种预应力带肋混凝土叠合楼板（PK 板）。见图

3-15、图 3-16。

PK 预应力混凝土叠合板具有以下优点：

国际上最薄、最轻的叠合板之一：30mm 厚，自重 110kg/m²。

用钢量最省：由于采用高强预应力钢丝，比其他叠合板用钢量节省 60%。

承载能力最强：破坏性试验承载力可达 1.1t/m²，支撑间距可达 3.3m，减少支撑数量。

抗裂性能好：由于施加了预应力，极大地提高了混凝土的抗裂性能。

新老混凝土结合好：由于采用了 T 型肋，现浇混凝土形成倒梯形，新老混凝土互相咬合，新混凝土流到孔中又形成销栓作用。

可形成双向板：在侧孔中横穿钢筋后，避免了传统叠合板只能做单向板的弊病，且预埋管线方便。

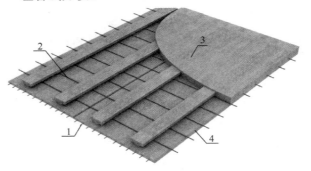

图 3-15　预制带肋底板混凝土叠合楼板
1—纵向预应力钢筋；2—横向穿孔钢筋；
3—后浇层；4—PK 叠合板的预制底板

图 3-16　预制带肋底板混凝土叠合楼板安装

预制混凝土实心板制作较为简单，预制混凝土实心板的连接设计也根据抗震构造等级的不同而有所不同，见图 3-17。

图 3-17　预制混凝土实心楼板

预制混凝土空心板和预制混凝土双 T 板通常适用于较大的跨度的多层建筑，见图 3-18、图 3-19。预应力双 T 板跨度可达 20m 以上，如用高强轻质混凝土则可达 30m 以上。

**五、预制混凝土楼梯**

预制混凝土楼梯外观更加美观，避免在现场支模，节约工期。预制简支楼梯受力明确，安装后可做施工通道，解决垂直运输问题，保证了逃生通道的安全，见图 3-20。

**六、预制混凝土阳台、空调板、女儿墙**

（一）预制混凝土阳台

预制混凝土阳台通常包括预制实心阳台和预制叠合阳台，见图 3-21、图 3-22。预制阳台板能够克服现浇阳台的缺点，解决了阳台支模复杂、现场高空作业费时费力的问题。

（二）预制混凝土空调板

预制混凝土空调板通常采用预制混凝土实心板，板侧预留钢筋与主体结构相连，预制空调板通常与外墙板相连。预制混凝土空调板见图3-23。

图3-18　预制混凝土空心板

图3-19　预制混凝土双T板

图3-20　预制楼梯

图3-21　预制实心阳台

图3-22　预制叠合阳台

图3-23　预制混凝土空调板

（三）预制混凝土女儿墙

女儿墙处于屋顶处外墙的延伸部位，通常有立面造型，采用预制混凝土女儿墙的优势是能快速安装，节省工期并提高耐久性。女儿墙可以是单独的预制构件，也可以是顶层的墙板向上延伸，顶层外墙与女儿墙预制为一个构件，见图3-24。

图 3-24 预制混凝土女儿墙

## 第三节 围 护 构 件

围护构件是指围合、构成建筑空间，抵御环境不利影响的构件，本章中只展开讲解外围护墙和预制内隔墙相关内容，其余部分不再在章节中赘述。外围护墙用以抵御风雨、温度变化、太阳辐射等，应具有保温、隔热、隔声、防水、防潮、耐火、耐久等性能。内隔墙起分隔室内空间作用，应具有隔声、隔视线以及某些特殊要求的性能。

### 一、外围护墙

预制混凝土外围护墙板是指预制商品混凝土外墙构件，包括预制混凝土叠合（夹心）墙板、预制混凝土夹心保温外墙板和预制混凝土外墙挂板。外墙板除应具有隔声与防火的功能外，还应具有隔热保温、抗渗、抗冻融、防碳化等作用和满足建筑艺术装饰的要求，外墙板可用轻集料单一材料制成，也可采用复合材料（结构层、保温隔热层和饰面层）制成。

预制混凝土外围护墙板采用工厂化生产，现场进行安装的施工方法，具有施工周期短、质量可靠（对防止裂缝、渗漏等质量通病十分有效）、节能环保（耗材少，减少扬尘和噪声等）、工业化程度高及劳动力投入量少等优点，在国内外的住宅建筑上得到了广泛运用。

根据制作结构不同，预制外墙结构分为预制混凝土夹心保温外墙板和预制混凝土外墙挂板。

（一）预制混凝土夹心保温外墙板

预制混凝土夹心保温外墙板是集承重、围护、保温、防水、防火等功能为一体的重要装配式预制构件，由内叶墙板、保温材料、外叶墙板三部分组成，见图 3-25。

夹心保温外墙板宜采用平模工艺生产，生产时应先浇筑外叶墙板混凝土层，再安装保温材料和拉结件，最后浇筑内叶墙板混凝土，可以使保温材料与结构同寿命。

（二）预制混凝土外墙挂板

预制混凝土外墙挂板是在预制车间加工的运输到施工现场吊装的钢筋混凝土外墙板，在板底设置预埋铁件通过与楼板上的预埋螺栓连接使底部与楼板固定，再通过连接件使顶部与楼板固定，见图 3-26。在工厂采用工业化生产，具有施工速度快、质量好、费用低的特点。

图 3-25 预制混凝土夹心保温外墙板构造图

图 3-26 预制混凝土外墙挂板结构

根据工程需要可设计成集保温、墙体围护于一体的复合保温外墙挂板,也可以作为复合墙体的外装饰挂板。

混凝土外墙挂板可充分体现大型公共建筑外墙独特的表现力。外墙挂板具有防腐蚀、耐高温、抗老化、无辐射、防火、防虫、不变形等基本性能,同时还要求造型美观、施工简便、环保节能等。

**二、预制内隔墙**

预制内隔墙板按成型方式分为挤压成型墙板和立(或平)模浇筑成型墙板两种。

(一)挤压成型墙板

挤压成型墙板,也称预制条形内墙板,是在预制工厂使用挤压成型机将轻质材料搅拌均匀的料浆通过进入模板(模腔)成型的墙板,见图3-27。按断面不同分空心板、实心板两类,在保证墙板承载和抗剪前提下可以将墙体断面做成空心,这样可以有效降低墙体的质量并通过墙体空心处空气的特性提高隔断房间内保温、隔声效果;门边板端部为实心板,实心宽度不得小于100mm。

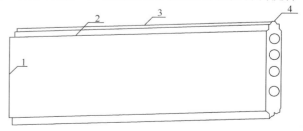

图 3-27 挤压成型墙板(空心)结构图
1—板端;2—板边;3—接缝槽;4—榫头

没有门洞口的墙体，应从墙体一端开始沿墙长方向顺序排板；有门洞口的墙体，应从门洞口开始分别向两边排板。当墙体端部的墙板不足一块板宽时，应设计补空板。

（二）立（或平）模浇筑成型墙板

立（或平）模浇筑成型墙板，也称预制混凝土整体内墙板，是在预制车间按照所需样式使用钢模具拼接成型，浇筑或摊铺混凝土制成的墙体。

根据受力不同，内墙板使用单种材料或者多种材料加工而成。用聚苯乙烯泡沫板材、聚氨酯泡沫塑料、无机墙体保温隔热材料等轻质材料填充到墙体之中，可以减少混凝土用量，绿色环保，减少室内热量与外界的交换，增强墙体的隔声效果，并通过墙体自重的减轻而降低运输和吊装的成本。

## 第四节　预制构件的连接

装配整体式结构中，构件与接缝处的纵向钢筋应根据接头受力、施工工艺等情况的不同，选用钢筋套筒灌浆连接、焊接连接、浆锚搭接连接、机械连接、螺栓连接、栓焊混合连接、绑扎连接、混凝土连接等连接方式。

**一、结构材料的连接**

（一）钢筋套筒灌浆连接

1. 钢筋套筒灌浆连接的历史发展

钢筋套筒灌浆连接是一种因工程实践的需要和技术发展而产生的新型的连接方式。该连接方式弥补了传统连接方式（焊接、机械连接、螺栓连接等）的不足，得到了迅速的发展和应用。钢筋套筒灌浆连接是各种装配整体式混凝土结构的重要接头形式。

1960年美籍华人余占疏博士（DR. ALFRED A. YEE，美国工程院院士，预应力结构的国际权威）发明了Splice Sleeve（钢筋套筒连接器）。首次在美国夏威夷38层的阿拉莫阿纳酒店的预制柱钢筋续接中应用，开创柱续接的刚性接头的先河。并在夏威夷的历次强烈地震中经受住了考验。日本TTK公司改良成较短的Tops Sleeve。

2. 钢筋套筒灌浆连接的分类

按照钢筋与套筒的连接方式不同，该接头分为全灌浆接头、半灌浆接头两种，见图3-28。

全灌浆接头是传统的灌浆连接接头形式，套筒两端的钢筋均采用灌浆连接，两端钢筋均是带肋钢筋。半灌浆接头是一端钢筋用灌浆连接，另一端采用非灌浆方法（例如螺纹连接）连接的接头。

3. 钢筋套筒灌浆连接在装配整体式结构中的应用

钢筋套筒灌浆连接主要适用于装配整体式混凝土结构的预制剪力墙、预制柱等预制构件的纵向钢筋连接，也可用于叠合梁等后浇部位的纵向钢筋连接，见图3-29、图3-30。

4. 钢筋套筒灌浆连接中对接头性能、套筒、灌浆料的要求

钢筋套筒灌浆连接接头在同截面布置时，接头性能应达到钢筋机械连接接头的最高性能等级，国内建筑工程的接头应满足国家行业标准《钢筋机械连接技术规程》JGJ 107中的Ⅰ级性能指标。套筒的各项指标应符合《钢筋连接用灌浆套筒》JG/T 398的要求。灌浆料的各项指标应符合《钢筋连接用套筒灌浆料》JG/T 408的要求。

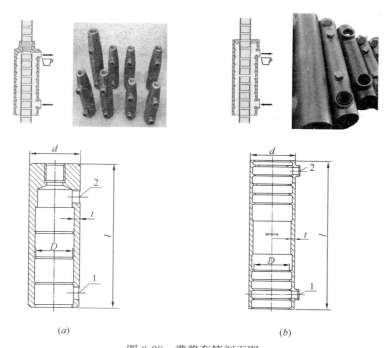

图 3-28 灌浆套筒剖面图
（a）半灌浆接头；（b）全灌浆接头
1—灌浆孔；l—套筒总长；2—排浆孔；d—套筒外径；D—套筒锚固段环形突起部分的内径

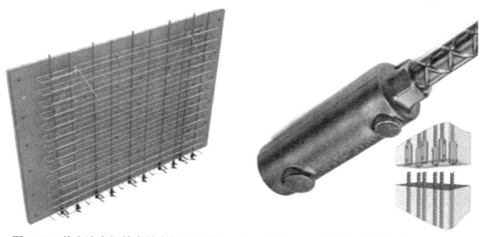

图 3-29 剪力墙内钢筋套筒布设透视图　　　图 3-30 柱内钢筋套筒布设透视图

（二）焊接连接

焊接是指通过加热（必要时加压），使两根钢筋达到原子间结合的一种加工方法，将原来分开的钢筋构成了一个整体。

常用的焊接方法分为以下 3 种：

1. 熔焊

在焊接过程中，将焊件加热至融熔状态不加压力完成的焊接方法通称为熔焊。常见的有等离子弧焊、气焊、气体（二氧化碳）保护焊、电弧焊、电渣焊。

2. 压焊

在焊接过程中必须对焊件施加压力(加热或不加热)完成的焊接方法称为压焊,见图3-31。

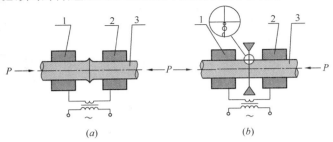

图 3-31 压焊
(a) 电阻对焊;(b) 闪光对焊
1—固定电极;2—可移动电极;3—焊件;P—压力

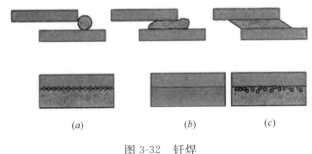

图 3-32 钎焊
(a) 钎料的填缝过程;(b) 钎料成分向母材中扩散
(c) 母材向钎料中溶解

3. 钎焊

把各种材料加热到适当的温度,通过使用具有液相温度高于450℃,但低于母材固相线温度的钎料完成材料的连接称为钎焊,见图3-32。

4. 焊接在装配整体式结构中的应用

装配整体式混凝土结构中应用的主要是热熔焊接。根据焊接长度的不同,分为单面焊和双面焊。根据作业方式的不同,分为平焊和立焊。

焊接连接应用于装配整体式框架结构、装配整体式剪力墙结构中后浇混凝土内的钢筋的连接以及用于钢结构构件连接。

焊接连接是钢结构工程中较为常见的梁柱连接形式,即连接节点采用全熔透坡口对接焊缝连接。

型钢焊接连接可以随工程任意加工、设计及组合,并可制造特殊规格,配合特殊工程之实际需要。

(三) 浆锚搭接连接

浆锚搭接见图3-33。

浆锚搭接连接是基于粘结锚固原理进行连接的方法,在竖向结构部品下段范围内预留出竖向孔洞,孔洞内壁表面留有螺纹状粗糙面,周围配有横向约束螺旋箍筋。装配式构件将下部钢筋插入孔洞内,通过灌浆孔注入灌浆料,直至排气孔溢出停止灌浆;当灌浆料凝结后将此部分连接成一体。

浆锚搭接连接时,要对预留孔成孔工艺、孔道形状和长度、构造要求、灌浆料和被连接钢筋,进行力学性能以及适用性的试验验证。

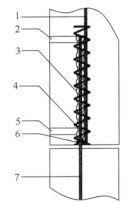

图 3-33 浆锚搭接示意图
1—预埋钢筋;2—排气孔;3—波纹状孔洞;4—螺旋加强筋;5—灌浆孔;6—弹性橡胶密封圈;7—被连接钢筋

其中，直径大于 20mm 的钢筋不宜采用浆锚搭接连接，直接承受动力荷载构件的纵向钢筋不应采用浆锚搭接连接。

浆锚搭接连接成本低、操作简单，但因结构受力的局限性，浆锚搭接连接只适用于房屋高度不大于 12m 或者层数不超过 3 层的装配整体式框架结构的预制柱纵向钢筋连接。

（四）机械连接

钢筋机械连接是指通过连接件的机械咬合作用或钢筋端面的承压作用，将一根钢筋中的力传递至另一根钢筋的连接方法，见图 3-34。

图 3-34 机械连接

钢筋机械连接主要有以下两种类型：钢筋套筒挤压连接、钢筋滚压直螺纹连接。

1. 钢筋套筒挤压连接

通过挤压力使连接件钢套筒塑性变形与带肋钢筋紧密咬合形成的接头。有两种形式，径向挤压连接和轴向挤压连接。由于轴向挤压连接现场施工不方便及接头质量不够稳定，没有得到推广，见图 3-35。

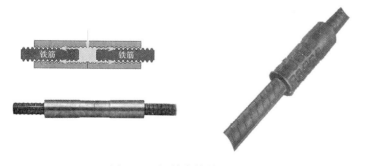

图 3-35 钢筋套筒挤压连接

2. 钢筋滚压直螺纹连接（直接滚压、挤肋滚压、剥肋后滚压）

通过钢筋端头直接滚压或挤（碾）肋滚压或剥肋后滚压制作的直螺纹和连接件螺纹咬合形成的接头，见图 3-36。其基本原理是利用了金属材料塑性变形后冷作硬化增强金属材料强度的特性，而仅在金属表层发生塑变、冷作硬化，金属内部仍保持原金属的性能，因而使钢筋接头与母材达到等强。

图 3-36　钢筋滚压直螺纹连接

钢筋滚压直螺纹连接主要应用于装配整体式框架结构、装配整体式剪力墙结构、装配整体式框-剪结构中的后浇混凝土内纵向钢筋的连接。

（五）螺栓连接、栓焊混合连接

螺栓连接即连接节点以普通螺栓或高强螺栓现场连接，以传递轴力、弯矩与剪力的连接形式。

螺栓连接分为全螺栓连接、栓焊混合连接两种连接方式，见图 3-37～图 3-39。

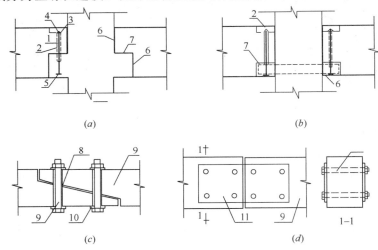

图 3-37　螺栓连接

（a）螺栓连接的牛腿；（b）螺栓连接的预制梁；（c）螺栓连接的企口接头；（d）螺栓连接的梁

1—螺栓；2—灌浆；3—垫板；4—螺母；5—浇入的螺杆和螺套；6—灌浆；7—可调的支座；
8—预留孔；9—预制梁；10—垫圈；11—钢板

螺栓连接主要适用于装配整体式框架结构中的柱、梁的连接；装配整体式剪力墙结构中预制楼梯的安装连接（牛腿），见图 3-40。

栓焊混合连接是目前多层、高层钢框架结构工程中最为常见的梁柱连接节点形式，即梁的上、下翼缘采用全熔透坡口对接焊缝，而梁腹板采用普通螺栓或高强螺栓与柱连接的形式。

（六）绑扎连接

钢筋绑扎连接是指将两根钢筋通过细钢丝（一般采用 20～22 号镀锌钢丝或绑扎钢筋

图 3-38 全螺栓连接

图 3-39 栓焊混合连接

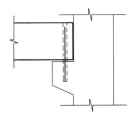
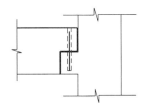

图 3-40 牛腿连接

专用火烧丝）绑扎在一起的连接方式，见图 3-41。钢筋绑扎连接的机理是钢筋的锚固，两段相互搭接的钢筋各自都锚固在混凝土里，搭接长度应满足现行国家规范的要求。

（七）混凝土连接

混凝土连接主要是预制部件与后浇混凝土的连接。为加强预制部件与后浇混凝土间的连接，预制部件与后浇混凝土的结合面要设置相应粗糙面和抗剪键槽。

图 3-41 绑扎连接

1. 粗糙面处理

粗糙面处理即通过外力使预制部件与后浇混凝土结合处变得粗糙、露出碎石等骨料。通常有 3 种方法：人工凿毛法、机械凿毛法、缓凝水冲法。

人工凿毛法：是指工人使用铁锤和凿子剔除预制部件结合面的表皮，露出碎石骨料，增加结合面的粘结粗糙度。此方法的优点是简单、易于操作。缺点是费工费时、效率低。

机械凿毛法：使用专门的小型凿岩机配置梅花平头钻，剔除结合面混凝土的表皮，增加结合面的粘结粗糙度。此方法的优点是方便快捷，机械小巧易于操作。缺点是操作人员的作业环境差，粉尘污染。

缓凝水冲法：是混凝土结合面粗糙度处理的一种新工艺，是指在部品构件混凝土浇筑前，将含有缓凝剂的浆液涂刷在模板壁上。浇筑混凝土后，利用已浸润缓凝剂的表面混凝土与内部混凝土的缓凝时间差，用高压水冲洗未凝固的表层混凝土，冲掉表面浮浆，露出骨料，形成粗糙的表面，见图 3-42。此方法的优点是成本低、效果佳、功效高且易于操作。

图 3-42 缓凝水冲法效果图

2. 键槽设置

装配整体式结构的预制梁、预制柱及预制剪力墙断面处须设置抗剪键槽。键槽设置尺寸及位置应符合装配整体式结构的设计及规范要求。

（八）其他连接

装配整体式框架、装配整体式剪力墙等结构中的顶层、端缘部的现浇节点中的钢筋无法连接，或者连接难度大，不方便施工。在上述情况下，将受力钢筋采用直线锚固、弯折锚固、机械锚固（例如锚固板）等连接方式，锚固在后浇节点内以达到连接的要求。以此来增加装配整体式结构的刚度和整体性能。

二、构件连接的节点构造及钢筋布设

（一）混凝土叠合楼（屋）面板的节点构造

混凝土叠合受弯构件是指预制混凝土梁板顶部在现场后浇混凝土而形成的整体受弯构件。装配整体式结构组成中根据用途将混凝土分为叠合构件混凝土和构件连接混凝土。

叠合楼（屋）面板的预制部分多为薄板，在预制构件加工厂完成。施工时吊装就位，现浇部分在预制板面上完成。预制薄板作为永久模板又作为楼板的一部分承担使用荷载，具有施工周期短、制作方便、构件较轻的特点，其整体性和抗震性能较好。

叠合楼（屋）面板结合了预制和现浇混凝土各自的优势，兼具现浇和预制楼（屋）面板的优点，能够节省模板支撑系统。

1. 叠合楼（屋）面板的分类

主要有预应力混凝土叠合板、预制混凝土叠合板、桁架钢筋混凝土叠合板等。

2. 叠合楼（屋）面板的节点构造

（1）预制混凝土与后浇混凝土之间的结合面应设置粗糙面。粗糙面的凹凸深度不应小于4mm，以保证叠合面具有较强的粘结力，使两部分混凝土共同有效的工作。

预制板厚度由于脱模、吊装、运输、施工等因素，最小厚度不宜小于60mm。后浇混凝土层最小厚度不应小于60mm，主要考虑楼板的整体性以及管线预埋、面筋铺设、施工误差等因素。当板跨度大于3m时，宜采用桁架钢筋混凝土叠合板，可增加预制板的整体刚度和水平抗剪性能；当板跨度大于6m时，宜采用预应力混凝土预制板，节省工程造价；板厚大于180mm的叠合板，其预制部分采用空心板，空心板端空腔应封堵，可减轻楼板自重，提高经济性能。

（2）叠合板支座处的纵向钢筋应符合下列规定：

1）端支座处，预制板内的纵向受力钢筋宜从板端伸出并锚入支撑梁或墙的后浇混凝土中，锚固长度不应小于$5d$（$d$为纵向受力钢筋直径），且宜伸过支座中心线，见图3-43（a）。

2）单向叠合板的板侧支座处，当板底分布钢筋不伸入支座时，宜在紧邻预制板顶面的后浇混凝土叠合层中设置附加钢筋，附加钢筋截面面积不宜小于预制板内的同向分布钢筋面积，间距不宜大于600mm，在板的后浇混凝土叠合层内锚固长度不应小于$15d$，在支座内锚固长度不应小于$15d$（$d$为附加钢筋直径）且宜伸过支座中心线，见图3-43（b）。

（3）单向叠合板板侧的分离式接缝宜配置附加钢筋，见图3-44。接缝处紧邻预制板顶面宜设置垂直于板缝的附加钢筋，附加钢筋伸入两侧后浇混凝土叠合层的锚固长度不应

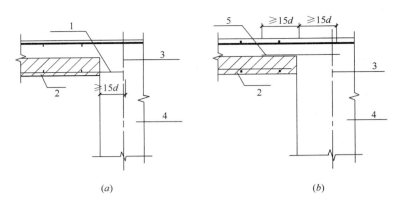

图 3-43 叠合板端及板侧支座构造示意图
(a) 板端支座；(b) 板侧支座
1—纵向受力钢筋；2—预制板；3—支座中心线；4—支座梁或墙；5—附加钢筋

小于 15d（d 为附加钢筋直径）；附加钢筋截面面积不宜小于预制板中该方向钢筋面积，钢筋直径不宜小于 6mm、间距不宜大于 250mm。

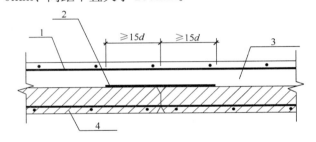

图 3-44 单向叠合板板侧分离式拼缝构造示意图
1—后浇层内钢筋；2—附加钢筋；3—后浇混凝土叠合层；4—预制板

（4）双向叠合板板侧的整体式接缝处由于有应变集中情况，宜将接缝设置在叠合板的次要受力方向上且宜避开最大弯矩截面，见图 3-45。接缝可采用后浇带形式，并应符合下列规定：

1）后浇带宽度不宜小于 200mm；
2）后浇带两侧板底纵向受力钢筋可在后浇带中焊接、搭接连接、弯折锚固；
3）当后浇带两侧板底纵向受力钢筋在后浇带中弯折锚固时，应符合下列规定。

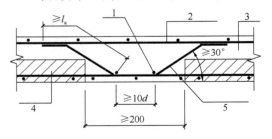

图 3-45 双向叠合板整体式接缝构造示意图
1—通长构造钢筋；2—后浇层内钢筋；3—后浇混凝土叠合层；
4—预制板；5—纵向受力钢筋

叠合板厚度不应小于 10d（d 为弯折钢筋直径的较大值），且不应小于 120mm；垂直于接缝的板底纵向受力钢筋配置量宜按计算结果增大 15% 配置；接缝处预制板侧伸出的纵向受力钢筋应在后浇混凝土叠合层内锚固，且锚固长度不应小于 $l_a$；两侧钢筋在接缝处重叠的长度不应小于 10d，钢筋弯折角度不应大于 30°，弯折处沿接缝方向应配置不少于 2 根通长构造钢筋,且直径不应小于该方向预制板内钢筋直径。

(二)叠合梁(主次梁)、预制柱的节点构造

1. 叠合梁的节点构造

在装配整体式框架结构中,常将预制梁做成矩形或 T 形截面。首先在预制厂内做成预制梁,在施工现场将预制楼板搁置在预制梁上(预制楼板和预制梁下需设临时支撑),安装就位后,再浇捣梁上部的混凝土使楼板和梁连接成整体,即成为装配整体式结构中分两次浇捣混凝土的叠合梁。它充分利用钢材的抗拉性能和混凝土的受压性能,结构的整体性较好,施工简单方便。

混凝土叠合梁的预制梁截面一般有两种,分为矩形截面预制梁和凹口截面预制梁。

(1) 装配整体式框架结构中,当采用叠合梁时,预制梁端的粗糙面凹凸深度不应小于 6mm,框架梁的后浇混凝土叠合层厚度不宜小于 150mm,见图 3-46(a),次梁的后浇混凝土叠合板厚度不宜小于 120mm;当采用凹口截面预制梁时,凹口深度不宜小于 50mm,凹口边厚度不宜小于 60mm,见图 3-46(b)。

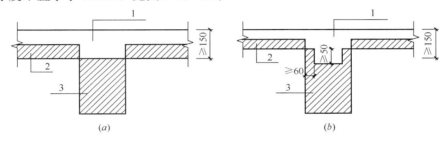

图 3-46 叠合框架梁截面示意图
(a) 矩形截面预制梁;(b) 凹口截面预制梁
1—后浇混凝土叠合层;2—预制板;3—预制梁

(2) 为提高叠合梁的整体性能,使预制梁与后浇层之间有效的结合为整体,预制梁与后浇混凝土、灌浆料、坐浆材料的结合面应设置粗糙面,预制梁端面应设置键槽,见图 3-47。

预制梁端的粗糙面凹凸深度不应小于 6mm,键槽尺寸和数量应按《装配式混凝土结

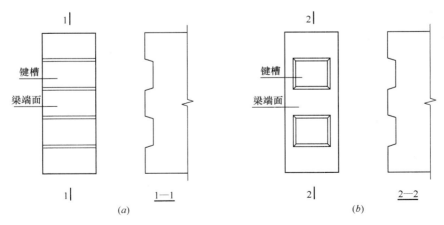

图 3-47 梁端键槽构造示意图
(a) 键槽贯通截面;(b) 键槽不贯通截面

构技术规程》JGJ 1-2014 第 7.2.2 条的规定计算确定。

键槽的深度 $t$ 不宜小于 30mm，宽度 $w$ 不宜小于深度的 3 倍且不宜大于深度的 10 倍；键槽可贯通截面，当不贯通时槽口距离截面边缘不宜小于 50mm，键槽间距宜等于键槽宽度，键槽端部斜面倾角不宜大于 30°。粗糙面的面积不宜小于结合面的 80%。

(3) 叠合梁的箍筋配置：抗震等级为一、二级的叠合框架梁的梁端箍筋加密区宜采用整体封闭箍筋，见图 3-48 (a)。采用组合封闭箍筋的形式时，开口箍筋上方应做成 135°弯钩，见图 3-48 (b)。非抗震设计时，弯钩端头平直段长度不应小于 5d（d 为箍筋直径）。抗震设计时，弯钩端头平直段长度不应小于 10d。

现浇应采用箍筋帽封闭开口箍，箍筋帽末端应做成 130°弯钩。非抗震设计时，弯钩端头平直段长度不应小于 5d。抗震设计时，弯钩端头平直段长度不应小于 10d。

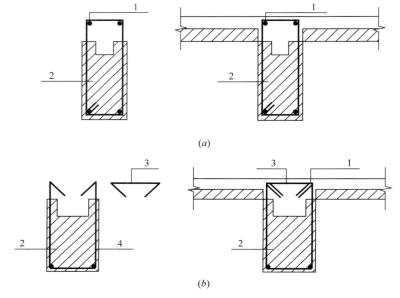

图 3-48　叠合梁箍筋构造示意图
(a) 整体封闭箍筋；(b) 组合封闭箍筋
1—上部纵向钢筋；2—预制梁；3—箍筋帽；4—开口箍筋

(4) 叠合梁可采用对接连接，并应符合下列规定：
1) 连接处应设置后浇段，后浇段的长度应满足梁下部纵向钢筋连接作业的空间需求。
2) 梁下部纵向钢筋在后浇段内宜采用机械连接、套筒灌浆连接或焊接连接。
3) 后浇段内的箍筋应加密，箍筋间距不应大于 5d（d 为纵向钢筋直径），且不应大于 100mm。

2. 叠合主次梁的节点构造

叠合主梁与次梁采用后浇段连接时，应符合下列规定：

(1) 在端部节点处，次梁下部纵向钢筋伸入主梁后浇段内的长度不应小于 12d。次梁上部纵向钢筋应在主梁后浇段内锚固。当采用弯折锚固或锚固板时，锚固直段长度不应小于 $0.6l_{ab}$，见图 3-49 (a)；当钢筋应力不大于钢筋强度设计值的 50% 时，锚固直段长度不应大于 $0.35l_{ab}$；弯折锚固的弯折后直段长度不应小于 12d（d 为纵向钢筋直径）。

（2）在中间节点处，两侧次梁的下部纵向钢筋伸入主梁后浇段内长度不应小于 $12d$（$d$ 为纵向钢筋直径）；次梁上部纵向钢筋应在现浇层内贯通，见图 3-49（$b$）。

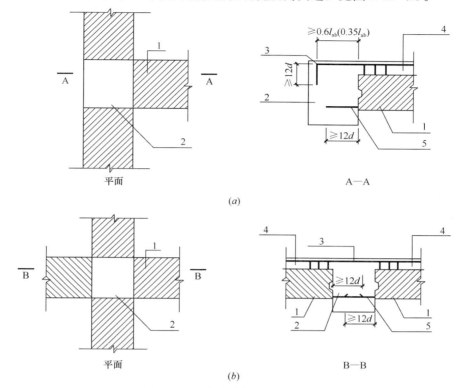

图 3-49　叠合主次梁的节点构造图
（$a$）端部节点；（$b$）中间节点
1—次梁；2—主梁后浇段；3—次梁上部纵向钢筋；4—后梁混凝土叠合层；5—次梁下部纵向钢筋

3. 预制柱的节点构造

预制混凝土柱连接节点通常为湿式连接，见图 3-50。

 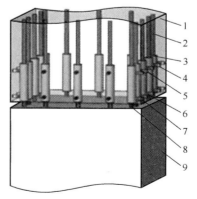

图 3-50　采用灌浆套筒湿式连接的预制柱
1—柱上端；2—螺纹端钢筋；3—水泥灌浆直螺纹连接套筒；4—出浆孔接头 T-1；
5—PVC管；6—灌浆孔接头 T-1；7—PVC管；8—灌浆端钢筋；9—柱下端

（1）采用预制柱及叠合梁的装配整体式框架中，柱底接缝宜设置在楼面标高处，后浇节点区混凝土上表面应设置粗糙面，柱纵向受力钢筋应贯穿后浇节点区，见图3-51。柱底接缝厚度宜为20mm，并采用灌浆料填实。

（2）采用预制柱及叠合梁的装配整体式框架节点，梁纵向受力钢筋应伸入后浇节点区内锚固或连接。上下预制柱采用钢筋套筒连接时，在套筒长度＋50cm的范围内，在原设计箍筋间距的基础上加密箍筋，见图3-52。

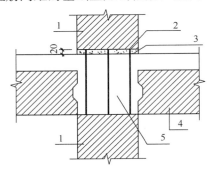 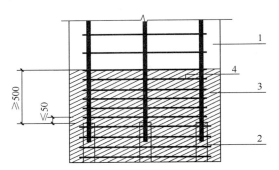

图3-51 预制柱底接缝构造示意图
1—预制柱；2—接缝灌浆层；3—后浇节点区
混凝土上表面粗糙面；4—预制梁；
5—后浇区

图3-52 钢筋采用套筒灌浆连接时柱底
箍筋加密区域构造示意图
1—预制柱；2—套筒灌浆连接接头；
3—箍筋加密区（阴影区域）；4—加密区箍筋

梁、柱纵向钢筋在后浇节点区间内采用直线锚固、弯折锚固或机械锚固方式时，其锚固长度应符合现行国家标准《混凝土结构设计规范》GB 50010-2010中的有关规定。当梁、柱纵向钢筋采用锚固板时，应符合现行行业标准《钢筋锚固板应用技术规程》JGJ 256中的有关规定。

1）对框架中间层中节点，节点两侧的梁下部纵向受力钢筋宜锚固在后浇节点区内，可采用90°弯折锚固，也可采用机械连接或焊接的方式直接连接，见图3-53；梁的上部纵向受力钢筋应贯穿后浇节点区。

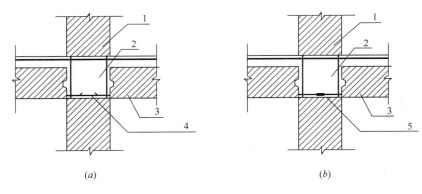

图3-53 预制柱及叠合梁框架中间层中节点构造示意图
（a）梁下部纵向受力钢筋锚固；（b）梁下部纵向受力钢筋连接
1—预制柱；2—后浇区；3—预制梁；4—梁下部纵向受力钢筋锚固；5—梁下部纵向受力钢筋连接

2）对框架中间层端节点，当柱截面尺寸不满足梁纵向受力钢筋的直线锚固要求时，应采用锚固板锚固,也可采用90°弯折锚固,见图3-54。

3)对框架顶层中节点,梁纵向受力钢筋的构造符合本条第1)款的规定。柱纵向受力钢筋宜采用直线锚固;当梁截面尺寸不满足直线锚固要求时,宜采用锚固板锚固,见图3-55。

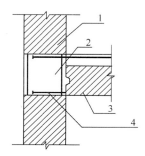 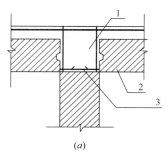 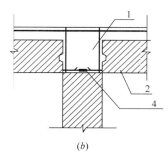

图3-54 预制柱及叠合梁框架  　　图3-55 预制柱及叠合梁框架顶层中节点构造示意图
1—预制柱;2—后浇区;3—预制　　(a)梁下部纵向受力钢筋锚固;(b)梁下部纵向受力钢筋连接
梁;4—梁纵向受力钢筋锚固　　　　1—后浇区;2—预制梁;3—梁下部纵向受力钢筋锚固;
　　　　　　　　　　　　　　　　　　　　4—梁下部纵向受力钢筋连接

4)对框架顶层端节点,梁下部纵向受力钢筋应锚固在后浇节点区内,且宜采用锚固板的锚固方式。梁、柱其他纵向受力钢筋的锚固应符合下列规定:

柱宜伸出屋面并将柱纵向受力钢筋锚固在伸出段内,伸出段长度不宜小于500mm,伸出段内箍筋间距不应大于5d(d为柱纵向受力钢筋直径),且不应大于100mm;柱纵向受力钢筋宜采用锚固板锚固,锚固长度不应小于40d;梁上部纵向受力钢筋宜采用锚固板锚固。见图3-56(a)。

柱外侧纵向受力钢筋也可与梁上部纵向受力钢筋在后浇节点区搭接,其构造要求应符合现行国家标准《混凝土结构设计规范》GB 50010-2010中的规定。柱内侧纵向受力钢筋宜采用锚固板锚固。见图3-56(b)。

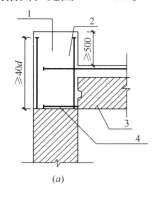 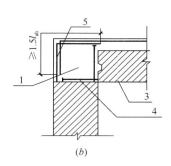

图3-56 预制柱及叠合梁框架顶层边节点构造示意图
(a)柱向上伸长;(b)梁柱外侧钢筋搭接
1—后浇段;2—柱延伸段;3—预制梁;4—梁下部纵向受力筋锚固;5—梁柱外侧钢筋搭接

5)采用预制柱及叠合梁的装配整体式框架节点,梁下部纵向受力钢筋也可伸至节点区外的后浇段内连接，连接接头与节点区的距离不应小于 $1.5h_0$（$h_0$ 为梁截面有效高度），见图 3-57。

（三）预制剪力墙的竖向连接

1. 预制剪力墙节点构造

预制剪力墙的顶面、底面和两侧面应处理为粗糙面或者制作键槽，与预制剪力墙连接的圈梁上表面也应处理为粗糙面。粗糙面露出的混凝土粗骨料不宜小于其最大粒径的 1/3，且粗糙面凹凸不应小于 6mm。

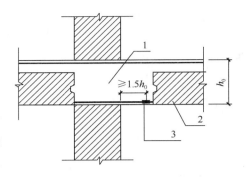

图 3-57 梁下部纵向受力钢筋在节点区外的后浇段内连接示意图
1—后浇段；2—预制梁；3—纵向受力钢筋

根据《装配式混凝土结构技术规程》JGJ 1-2014，对高层预制装配式墙体结构，楼层内相邻预制剪力墙的连接应符合下列规定：

（1）边缘构件应现浇，现浇段内按照现浇混凝土结构的要求设置箍筋和纵筋。预制剪力墙的水平钢筋应在现浇段内锚固，或者与现浇段内水平钢筋焊接或搭接连接。

（2）上下剪力墙板之间，先在下墙板和叠合板上部浇筑圈梁连续带后，坐浆安装上部墙板，套筒灌浆或者浆锚搭接进行连接，见图 3-58。

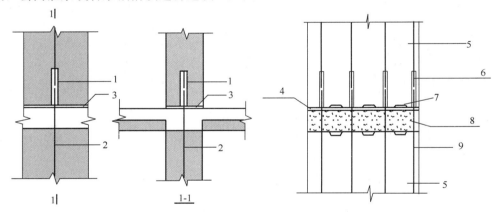

图 3-58 预制剪力墙板上下节点连接
1—钢筋套筒灌浆连接；2—连接钢筋；3—坐浆层；4—坐浆；5—预制墙体；
6—浆锚套筒连接或浆锚搭接连接；7—键槽或粗糙面；
8—现浇圈梁；9—竖向连接筋

相邻预制剪力墙板之间如无边缘构件，应设置现浇段，现浇段的宽度应同墙厚。现浇段的长度：当预制剪力墙的长度不大于 1500mm 时不宜小于 150mm，大于 1500mm 时不宜小于 200mm。现浇段内应设置竖向钢筋和水平环箍，竖向钢筋配筋率不小于墙体竖向分布筋配筋率，水平环箍配筋率不小于墙体水平钢筋配筋率，见图 3-59。

现浇部分的混凝土强度等级应高于预制剪力墙的混凝土强度等级两个等级或以上。

预制剪力墙的水平钢筋应在现浇段内锚固，或者与现浇段内水平钢筋焊接或搭接连接。

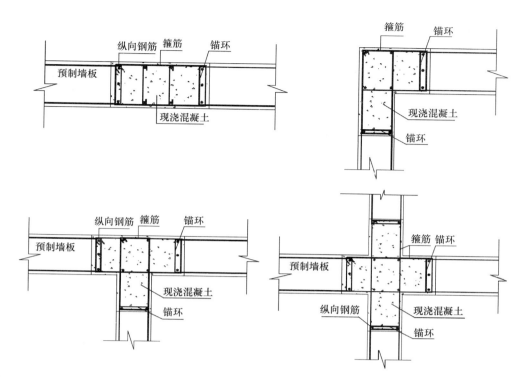

图 3-59 预制墙板间节点连接

（3）钢筋加密设置

上下剪力墙采用钢筋套筒连接时，在套筒长度+30cm 的范围内，在原设计箍筋间距的基础上加密箍筋，见图 3-60。

2. 预制外墙的接缝及防水设置

外墙板为建筑物的外部结构，直接受到雨水的冲刷，预制外墙板接缝（包括屋面女儿墙、阳台、勒脚等处的竖缝、水平缝、十字缝以及窗口处）必须进行处理。并根据不同部位接缝特点及当地气候条件选用构造防水、材料防水或构造防水与材料防水相结合的防排水系统。

挑出外墙的阳台、雨篷等构件的周边应在板底设置滴水线。为了有效地防止外墙渗漏的发生，在外墙板接缝及门窗洞口等防水薄弱部位宜采用材料防水和构造防水相结合的做法。

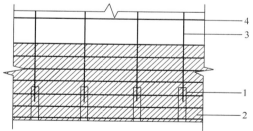

图 3-60 钢筋套筒灌浆连接部位水平分布钢筋的加密构造示意图
1—灌浆套筒；2—水平分布钢筋加密区域（阴影区域）；3—竖向钢筋；4—水平分布钢筋

（1）材料防水

1）预制外墙板接缝采用材料防水时，必须用防水性能可靠的嵌缝材料。板缝宽度不宜大于 20mm，材料防水的嵌缝深度不得小于 20mm。对于普通嵌缝材料，在嵌缝材料外侧应勾水泥砂浆保护层，其厚度不得小于 15mm。对于高档嵌缝材料，其外侧可不做保护层。

2）高层建筑、多雨地区的预制外墙板接缝防水宜采用两道密封防水构造的做法，即在外部密封胶防水的基础上，增设一道发泡氯丁橡胶密封防水构造。

3）预制叠合墙板间的水平拼缝处设置连接钢筋，接缝位置采用模板或者钢管封堵，待混凝土达到规定强度后拆除模板，并抹平和清理干净。

因后浇混凝土施工需要，在后浇混凝土位置做好临时封堵，形成企口连接，后浇混凝土施工前应将结合面凿毛处理，并用水充分润湿，再绑扎调整钢筋。防水处理同叠合式墙板水平拼缝节点处理，拼缝位置的防水处理采取增设防水附加层的做法。

（2）构造防水

构造防水是采取合适的构造形式，阻断水的通路，以达到防水的目的。如在外墙板接缝外口设置适当的线型构造（立缝的沟槽，平缝的挡水台、披水等），形成空腔，截断毛细管通路，利用排水沟将渗入板缝的雨水排出墙外，防止向室内渗漏。即使渗入，也能沿槽口引流至墙外。

预制外墙板接缝采用构造防水时，水平缝宜采用企口缝或高低缝，少雨地区可采用平缝，见图3-61。竖缝宜采用双直槽缝，少雨地区可采用单斜槽缝。女儿墙墙板构造防水见图3-62。

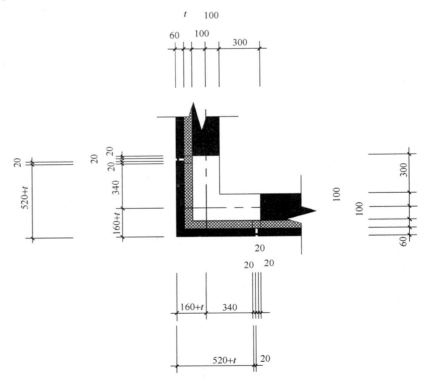

图3-61 预制外墙板构造防水

3. 预制内隔墙节点构造

（1）挤压成型墙板板间拼缝宽度为（5±2）mm。板必须用专用胶粘剂和嵌缝带处理。胶粘剂应挤实、粘牢，嵌缝带用嵌缝剂粘牢刮平，见图3-63。

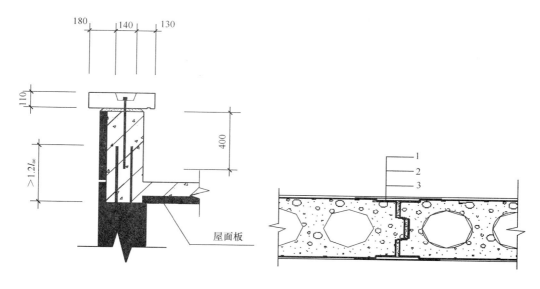

图 3-62 女儿墙墙板构造防水

图 3-63 嵌缝带构造图
1—骑缝贴 100mm 宽嵌缝带并用胶粘剂抹平;
2—胶粘剂抹平;3—凹槽内贴 50mm 宽嵌缝带

(2) 预制内墙板与楼面连接处理

墙板安装经检验合格 24h 内,用细石混凝土(高度>30mm)或 1:2 干硬性水泥砂浆(高度≤30mm)将板的底部填塞密实,底部填塞完成 7d 后,撤出木楔并用 1:2 干硬性水泥砂浆填实木楔孔,见图 3-64。

(3) 门头板与结构顶板连接拼缝处理

施工前 30min 开始清理阴角基面、涂刷专用界面剂,在接缝阴角满刮一层专用胶粘剂,厚度约为 3mm,并粘贴第一道 50mm 宽的嵌缝带;用抹子将嵌缝带压入到胶粘剂中,并用胶粘剂将凹槽抹平墙面;嵌缝带宜埋于距胶粘剂完成面约 1/3 位置处并不得外露。见图 3-65。

(4) 门头板与门框板水平连接拼缝处理

在墙板与结构板底夹角两侧 100mm 范围内满刮胶粘剂,用抹子将嵌缝带压入到胶粘剂中抹平。门头板拼缝处开裂几率较高,施工时应注意胶粘剂的饱满度,并将门头板与门框板顶实,在板缝粘结材料和填缝材料未达到强度之前,应避免使门框板受到较大的撞击,见图 3-66。

(四) 叠合构件混凝土

叠合构件混凝土是指在装配整体式结构中用于制作混凝土叠合构件所使用的混凝土。由于叠合面对于预制与现浇混凝土的结合有重要作用,因此在叠合构件混凝土浇筑前,必须对叠合面进行表面清洁与施工技术处理,并应符合以下要求:

(1) 叠合构件混凝土浇筑前,应清除叠合面上的杂物、浮浆及松散骨料,表面干燥时应洒水润湿,洒水后不得留有积水。

(2) 在叠合构件混凝土浇筑前,应检查并校正预制构件的外露钢筋。

(3) 为保证叠合构件混凝土浇筑时,下部预制底板的支撑系统受力均匀,减小施工过

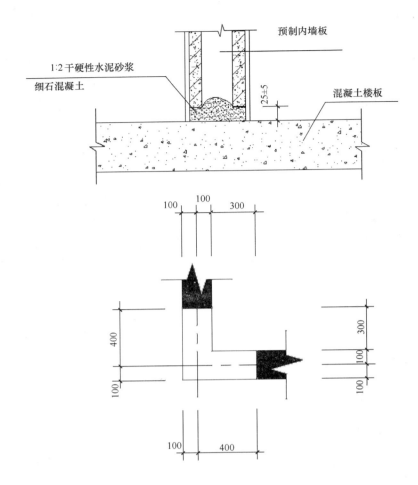

图 3-64 预制内墙与楼面连接节点

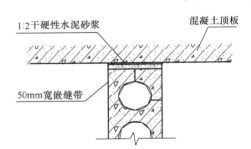

图 3-65 门头板和混凝土顶板连接节点

程中不均匀分布荷载的不利作用。叠合构件混凝土浇筑时，应采取由中间向两边的方式。

（4）叠合构件与周边现浇混凝土结构连接处，浇筑混凝土时应加密振捣点，当采取延长振捣时间措施时，应符合有关标准和施工作业要求。

（5）叠合构件混凝土浇筑时，不应移动预埋件的位置，且不得污染预埋外露连接部位。

（五）构件连接混凝土

构件连接混凝土是指在装配整体式结构中用于连接各种构件所使用的混凝土。

构件连接混凝土应符合下列要求：

（1）装配整体式混凝土结构中预制构件的连接处混凝土强度等级不应低于所连接的各预制构件混凝土设计强度等级中的较大值。

（2）用于预制构件连接处的混凝土或砂浆，宜采用无收缩混凝土或砂浆，并宜采取提高混凝土或砂浆早期强度的措施；在浇筑过程中应振捣密实，并应符合有关标准和施工作

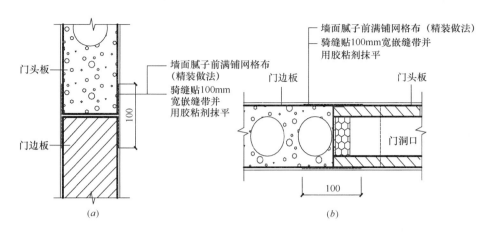

图 3-66 门头板与门边板连接节点
(a) 一道嵌缝带；(b) 两道嵌缝带

业要求。

(3) 预制构件连接节点和连接接缝部位后浇混凝土施工应符合下列规定：

1) 连接接缝混凝土应连续浇筑，竖向连接接缝可逐层浇筑，混凝土分层浇筑高度应符合现行规范要求；浇筑时应采取保证混凝土浇筑密实的措施；

2) 同一连接接缝的混凝土应连续浇筑，并应在底层混凝土初凝之前将上一层混凝土浇筑完毕；

3) 预制构件连接节点和连接接缝部位的混凝土应加密振捣点，并适当延长振捣时间；

4) 预制构件连接处混凝土浇筑和振捣时，应对模板和支架进行观察和维护，发生异常情况应及时进行处理；构件接缝混凝土浇筑和振捣时应采取措施防止模板、相连接构件、钢筋、预埋件及其定位件的移位。

## 第五节 预制构件制作

预制混凝土构件生产应在工厂或符合条件的现场进行。根据场地的不同、构件的尺寸、实际需要等情况，分别采取流水生产线、固定台模法预制生产，并且生产设备应符合相关行业技术标准要求。构件生产企业应依据构件制作图进行预制混凝土构件的制作，并应根据预制混凝土构件型号、形状、质量等特点制定相应的工艺流程，明确质量要求和生产各阶段质量控制要点，编制完整的构件制作计划书，对预制构件生产全过程进行质量管理和计划管理。PC生产线效果见图 3-67、PC生产线车间实景见图 3-68。

### 一、预制构件生产的工艺流程

预制构件生产的通用工艺流程，见图 3-69。

### 二、预制构件制作生产模具的组装

(1) 模具组装应按照组装顺序进行，对于特殊构件，要求钢筋先入模后组装。

(2) 模具拼装时，模板接触面平整度、板面弯曲、拼装缝隙、几何尺寸等应满足相关设计要求。

(3) 模具拼装应连接牢固、缝隙严密，拼装时应进行表面清洗或涂刷水性或蜡质脱模

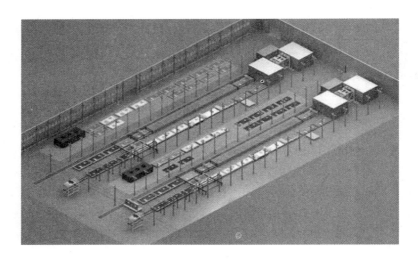

图 3-67　PC 生产线效果图

图 3-68　PC 生产线车间实景图

剂，接触面不应有划痕、锈渍和氧化层脱落等现象。

（4）模具组装完成后尺寸允许偏差应符合要求，净尺寸宜比构件尺寸缩小 1～2mm。

**三、预制构件钢筋骨架、钢筋网片和预埋件**

钢筋骨架、钢筋网片和预埋件必须严格按照构件加工图及下料单要求制作。首件钢筋制作，必须通知技术、质检及相关部门检查验收，制作过程中应当定期、定量检查，对于不符合设计要求及超过允许偏差的一律不得使用，按废料处理，纵向钢筋（带灌浆套筒）及需要套丝的钢筋，不得使用切断机下料，必须保证钢筋两端平整，套丝长度、丝距及角度必须严格按照设计图纸要求，纵向钢筋（采用半灌浆套筒）按产品要求套丝，梁底部纵筋（直螺纹套筒连接）按照国标要求套丝，套丝机应当指定专人且有经验的工人操作，质检人员须按相关规定进行抽检。

**四、预制构件混凝土的浇筑**

按照生产计划混凝土用量搅拌混凝土，混凝土浇筑过程中注意对钢筋网片及预埋件的保护，浇筑厚度使用专门的工具测量，严格控制，振捣后应当至少进行一次抹压。构件浇筑完成后进行一次收光，收光过程中应当检查外露的钢筋及预埋件，并按照要求调整。浇筑时，洒落的混凝土应当及时清理。浇筑过程中，应充分有效振捣，避免出现漏振造成的蜂窝麻面现象，浇筑时按照实验室要求预留试块。混凝土浇筑时应符合下列要求：

（1）混凝土应均匀连续浇筑，投料高度不宜大于500mm；

（2）混凝土浇筑时应保证模具、门窗框、预埋件、连接件不发生变形或者移位，如有偏差应采取措施及时纠正；

（3）混凝土宜采用振动平台，边浇筑、边振捣，同时可采用振捣棒、平板振动器作为辅助；

（4）混凝土从出机到浇筑时间即间歇时间不宜超过40min。

**五、预制构件混凝土的养护**

混凝土养护可采用覆盖浇水和塑料薄膜覆盖的自然养护、化学保护膜养护和蒸汽养护方法。梁、柱等体积较大的预制混凝土构件宜采用自然养护方式；楼板、墙板等较薄的预制混凝土构件或冬期生产的预制混凝土构件，宜采用蒸汽养护

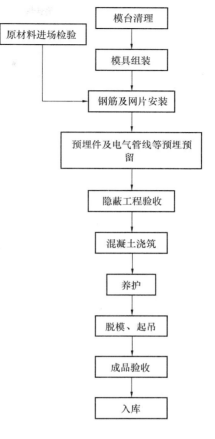

图 3-69 预制构件生产的通用工艺流程

方式。预制构件采用加热养护时，应制定相应的养护制度，预养时间宜为1~3h，升温速率应为10~20℃/h，降温速率不应大于10℃/h，梁、柱等较厚的预制构件养护温度为40℃，楼板、墙板等较薄的构件养护最高温度为60℃，持续养护时间应不小于4h。

**六、预制构件的脱模与表面修补**

（1）构件脱模应严格按照顺序拆模，严禁使用振动、敲打方式拆模；构件脱模时应仔细检查确认构件与模具之间的连接部分完全拆除后方可起吊；起吊时，预制构件的混凝土立方体抗压强度应满足设计要求，且不应小于 15 N/mm²。

（2）构件起吊应平稳，楼板宜采用专用多点吊架进行起吊，墙板宜先采用模台翻转方式起吊，模台翻转角度不应小于75°，然后再采用多点起吊方式脱模。复杂构件应采用专门的吊架进行起吊。

（3）构件脱模后，不存在影响结构性能、钢筋、预埋件或者连接件锚固的局部破损和构件表面的非受力裂缝时，可用修补浆料进行表面修补后使用，详见表3-2。

构件表面破损和裂缝处理方法　　　　　　　　表 3-2

| 项目 | 现象 | 处理方案 | 检查依据与方法 |
|---|---|---|---|
| 破损 | 1. 影响结构性能且不能恢复的破损 | 废弃 | 目测 |

续表

| 项目 | 现象 | 处理方案 | 检查依据与方法 |
|---|---|---|---|
| 破损 | 2. 影响钢筋、连接件、预埋件锚固的破损 | 废弃 | 目测 |
| | 3. 上述1和2以外的，破损长度超过20mm | 修补1 | 目测、卡尺测量 |
| | 4. 上述1和2以外的，破损长度20mm以下 | 现场修补 | |
| 裂缝 | 1. 影响结构性能且不可恢复的裂缝 | 废弃 | 目测 |
| | 2. 影响钢筋、连接件、预埋件锚固的裂缝 | 废弃 | 目测 |
| | 3. 裂缝宽度大于0.3mm且裂缝长度超过300mm | 废弃 | 目测、卡尺测量 |
| | 4. 上述1、2、3以外的，裂缝宽度超过0.2mm | 修补2 | 目测、卡尺测量 |
| | 5. 上述1、2、3以外的，宽度不足0.2mm且在外表面时 | 修补3 | 目测、卡尺测量 |

注：修补1，用不低于混凝土设计强度的专用修补浆料修补；
　　修补2，用环氧树脂浆料修补；
　　修补3，用专用防水浆料修补。

### 七、预制构件的检验

装配整体式混凝土结构中的构件检验关系到主体的质量安全，应重视。预制构件的检验主要包含三部分：原材料检验、隐蔽工程检验、成品检验。

1. 原材料检验

预制构件生产所用的混凝土、钢筋、套筒、灌浆料、保温材料、拉结件、预埋件等应符合现行国家相关标准的规定，并应进行进厂检验，经检测合格后方可使用。预制构件采用的钢筋的规格、型号、力学性能和钢筋的加工、连接、安装等应符合现行国家标准《混凝土结构工程施工质量验收规范》GB 50204 的规定。门窗框预埋应符合现行国家标准《建筑装饰装修工程质量验收规范》GB 50210 的规定。混凝土的各项力学性能指标应符合现行国家标准《混凝土结构设计规范》GB 50010 的规定；钢材的各项力学性能指标应符合现行国家标准《钢结构设计规范》GB 50017 的规定；灌浆套筒的性能应符合现行国家行业标准《钢筋连接用灌浆套筒》JG/T 398 的规定；聚苯板的性能指标应符合现行国家标准《绝热用模塑聚苯乙烯泡沫塑料》GB/T 10801.1 和《绝热用挤塑聚苯乙烯泡沫塑料 (XPS)》GB/T 10801.2 的规定。

2. 隐蔽工程检验

预制构件的隐蔽工程验收包含：钢筋的规格、数量、位置、间距，纵向受力钢筋的连接方式、接头位置、接头质量、接头面积百分率、搭接长度等；箍筋、横向钢筋的规格、数量、位置、间距，箍筋弯钩的弯折角度及平直段长度等；预埋件、吊点、插筋的规格、数量、位置等；灌浆套筒、预留孔洞的规格、数量、位置等；钢筋的混凝土保护层厚度；夹心外墙板的保温层位置、厚度，拉结件的规格、数量、位置等；预埋管线、线盒的规格、数量、位置及固定措施。预制构件厂的相应管理部门应及时对预制构件混凝土浇筑前的隐蔽分项进行自检并做好验收记录。

3. 成品检验

预制构件在出厂前应进行成品质量验收，其检查项目包括：预制构件的外观质量、预制构件的外形尺寸、预制构件的钢筋、连接套筒、预埋件、预留孔洞、预制构件的外装饰和门窗框。其检查结果和方法应符合国家现行标准的规定。

**八、预制构件的标识**

预制构件验收合格后应在明显部位标识构件型号、生产日期和质量验收合格标志。预制构件脱模后应在其表面醒目位置，按构件设计制作图规定对每件构件编码。预制桉件生产企业应按照有关标准规定或合同要求，对其供应的产品签发产品质量证明书，明确重要参数，有特殊要求的产品还应提供安装说明书。

**九、预制构件的储存和运输**

（1）预制构件堆放储存应符合下列规定：堆放场地应平整、坚实，并应有排水措施；堆放构件的支垫应坚实；预制构件的堆放应将预埋吊件向上，标志向外；垫木或垫块在构件下的位置宜与脱模、吊装时的起吊位置一致；重叠堆放构件时，每层构件间的垫木或垫块应在同一垂直线上；堆垛层数应根据构件与垫木或垫块的承载能力及堆垛的稳定性确定。

（2）预制构件的运输应制定运输计划及方案，包括运输时间、次序、堆放场地、运输线路、固定要求、堆放支垫及成品保护措施等内容。对于超高、超宽、形状特殊的大型构件的运输和堆放应采取专门质量安全保证措施。

# 第四章 装配整体式混凝土结构工程施工技术

## 第一节 施 工 流 程

**一、装配整体式框架结构的施工流程**

装配整体式框架结构是以预制柱（或现浇柱）、叠合板、叠合梁为主要预制构件，并通过叠合板的现浇以及节点部位的后浇混凝土而形成的混凝土结构，其承载力和变形满足现行国家规范的应用要求，见图 4-1。

装配整体式框架结构的施工流程见图 4-2。

如混凝土柱采用现浇，其施工流程见图 4-3。

**二、装配整体式剪力墙结构的施工流程**

装配整体式剪力墙结构由水平受力构件和竖向受力构件组成，构件采用工厂化生产（或现浇剪力墙），运至施工现场后经过装配及后浇叠合形成整体，其连接节点通过后浇混凝土结合，水平向钢筋通过机械连接或其他方式连接，竖向钢筋通过钢筋灌浆套筒连接或其他方式连接。

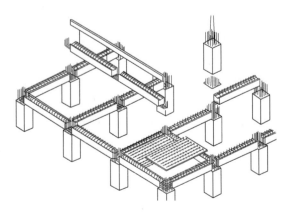

图 4-1 装配整体式框架结构示意图    图 4-2 装配整体式框架结构施工流程图

装配整体式剪力墙结构的施工流程见图 4-4。

如采用现浇剪力墙，其施工流程见图 4-5。

关于装配整体式框架-现浇剪力墙结构的施工流程，可参照装配整体式框架结构和现浇剪力墙结构施工流程。

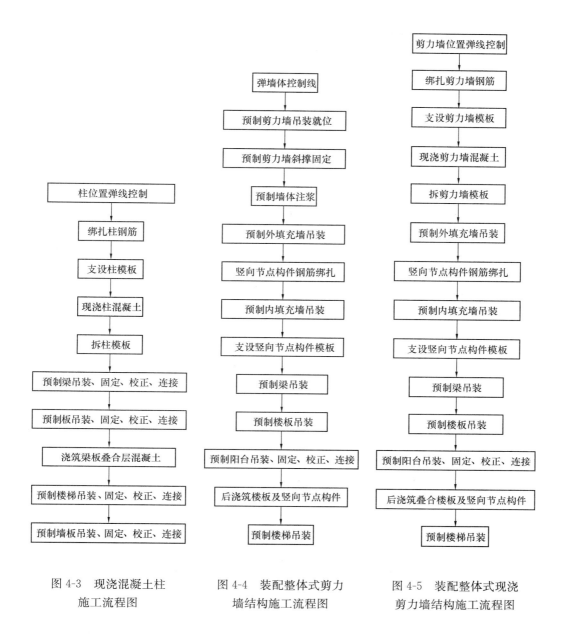

图 4-3 现浇混凝土柱施工流程图　　图 4-4 装配整体式剪力墙结构施工流程图　　图 4-5 装配整体式现浇剪力墙结构施工流程图

## 第二节　构　件　安　装

### 一、预制柱施工技术要点

（一）预制框架柱吊装施工流程（见图 4-6）

预制框架柱吊装示意图见图 4-7。

（二）施工技术要点

（1）根据预制柱平面各轴的控制线和柱框线校核预埋套管位置的偏移情况，并做好记录，若预制柱有小距离的偏移需借助协助就位设备进行调整。

(2) 检查预制柱进场的尺寸、规格，混凝土的强度是否符合设计和规范要求，检查柱上预留套管及预留钢筋是否满足图纸要求，套管内是否有杂物；同时做好记录，并与现场预留套管的检查记录进行核对，无问题方可进行吊装。

(3) 吊装前在柱四角放置金属垫块，以利于预制柱的垂直度校正，按照设计标高，结合柱子长度对偏差进行确认。用经纬仪控制垂直度，若有少许偏差运用千斤顶等进行调整。

(4) 柱初步就位时应将预制柱钢筋与下层预制柱的预留钢筋初步试对，无问题后准备进行固定。

(5) 预制柱接头连接

预制柱接头连接采用套筒灌浆连接技术。

1) 柱脚四周采用坐浆材料封边，形成密闭灌浆腔，保证在最大灌浆压力（约1MPa）下密封有效。

2) 如所有连接接头的灌浆口都未被封堵，当灌浆口漏出浆液时，应立即用胶塞进行封堵牢固；如排浆孔事先封堵胶塞，摘除其上的封堵胶塞，直至所有灌浆孔都流出浆液并已封堵后，等待排浆孔出浆。

3) 一个灌浆单元只能从一个灌浆口注入，不得同时从多个灌浆口注浆。

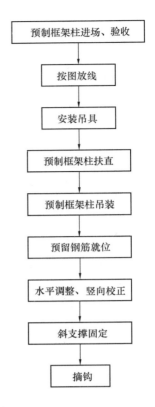

图 4-6 预制框架柱吊装施工流程图

## 二、预制梁施工技术要点

（一）预制梁吊装施工流程（见图 4-8）

预制梁安装示意图见图 4-9。

图 4-7 预制框架柱吊装示意图

（二）施工技术要点

(1) 测出柱顶与梁底标高误差，在柱上弹出梁边控制线。

(2) 在构件上标明每个构件所属的吊装顺序和编号，便于吊装工人辨认。

(3) 梁底支撑采用立杆支撑＋可调顶托＋100mm×100mm木方，预制梁的标高通过支撑体系的顶丝来调节。

(4) 梁起吊时,用吊索钩住扁担梁的吊环,吊索应有足够的长度以保证吊索和扁担梁之间的角度≥60°。

(5) 当梁初步就位后,借助柱头上的梁定位线将梁精确校正,在调平的同时将下部可调支撑上紧,这时方可松去吊钩。

(6) 主梁吊装结束后,根据柱上已放出的梁边和梁端控制线,检查主梁上的次梁缺口位置是否正确,如不正确,需做相应处理后方可吊装次梁,梁在吊装过程中要按柱对称吊装。

(7) 预制梁板柱接头连接

1) 键槽混凝土浇筑前应将键槽内的杂物清理干净,并提前24h浇水湿润。

2) 键槽钢筋绑扎时,为确保钢筋位置的准确,键槽预留U形开口箍,待梁柱钢筋绑扎完成后,在键槽上安装∩形开口箍与原预留U形开口箍双面焊接5d($d$为钢筋直径)。

### 三、预制剪力墙施工技术要点

(一)预制剪力墙吊装施工流程(见图4-10)

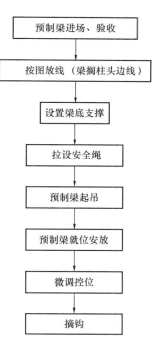

图4-8 预制梁吊装施工流程图

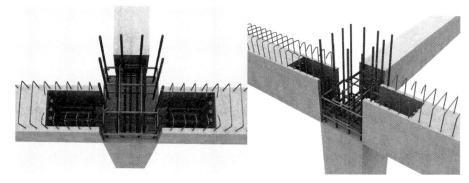

图4-9 预制梁安装示意图

(二)施工技术要点

(1) 承重墙板吊装准备:由于吊装作业需要连续进行,所以吊装前的准备工作非常重要,首先在吊装就位之前将所有柱、墙的位置在地面弹好墨线,根据后置埋件布置图,采用后钻孔法安装预制构件定位卡具,并进行复核检查;同时对起重设备进行安全检查,并在空载状态下对吊臂角度、负载能力、吊绳等进行检查,对吊装困难的部件进行空载实际演练(必须进行),将导链、斜撑杆、膨胀螺栓、扳手、2m靠尺、开孔电钻等工具准备齐全,操作人员对操作工具进行清点。检查预制构件预留灌浆套筒是否有缺陷、杂物和油污,保证灌浆套筒完好;提前架好经纬仪、激光水准仪并调平。填写施工准备情况登记表,施工现场负责人检查核对签字后方可开始吊装。

(2) 起吊预制墙板:吊装时采用带捯链的扁担式吊装设备,加设缆风绳,其吊装示意图见图4-11。

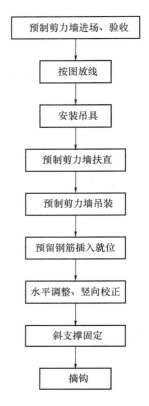

图 4-10 预制剪力墙吊装施工流程图

(3) 顺着吊装前所弹墨线缓缓下放墙板，吊装经过的区域下方设置警戒区，施工人员应撤离，由信号工指挥，就位时待构件下降至作业面 1m 左右高度时施工人员方可靠近操作，以保证操作人员的安全。墙板下放好垫块，垫块保证墙板底标高的正确（注：也可提前在预制墙板上安装定位角码，顺着定位角码的位置安放墙板）。

(4) 墙板底部局部套筒若未对准时可使用捯链将墙板手动微调，重新对孔。底部没有灌浆套筒的外填充墙板直接顺着角码缓缓放下墙板。垫板造成的空隙可用坐浆方式填补。为防止坐浆料填充到外叶板之间，在苯板处补充 50mm×20mm 的保温板（或橡胶止水条）堵塞缝隙。

(5) 垂直坐落在准确的位置后使用激光水准仪复核水平方向是否有偏差，无误差后，利用预制墙板上的预埋螺栓和地面后置膨胀螺栓（将膨胀螺栓在环氧树脂内蘸一下，立即打入地面）安装斜支撑杆，用检测尺检测预制墙体垂直度及复测墙顶标高后，利用斜撑杆调节好墙体的垂直度，方可松开吊钩（注：在调节斜撑杆时必须两名工人同时间、同方向进行操作），见图 4-12。

(6) 斜撑杆调节完毕后，再次校核墙体的水平位置和标高、垂直度，相邻墙体的平整度。检查工具：经纬仪、水准仪、靠尺、水平尺（或软管）、铅锤、拉线。

(7) 预制剪力墙钢筋竖向接头连接采用套筒灌浆连接，具

图 4-11 预制墙板吊装示意图

体要求如下：

1) 灌浆前应制定灌浆操作的专项质量保证措施。

2) 应按产品使用要求计量灌浆料和水的用量并搅拌均匀，灌浆料拌合物的流动度应满足现行国家相关标准和设计要求。

3) 将预制墙板底的灌浆连接腔用高强度水泥基坐浆材料进行密封（防止灌浆前异物进入腔内）；墙板底部采用坐浆材料封边，形成密封灌浆腔，保证在最大灌浆压力（1MPa）下密封有效。

图 4-12 支撑调节

4）灌浆料拌合物应在制备后 0.5h 内用完；灌浆作业应采取压浆法从下口灌注，有浆料从上口流出时应及时封闭；宜采用专用堵头封闭，封闭后灌浆料不应有任何外漏。

5）灌浆施工时宜控制环境温度，必要时，应对连接处采取保温加热措施。

6）灌浆作业完成后 12h 内，构件和灌浆连接接头不应受到振动或冲击。

**四、预制楼（屋）面板施工技术要点**

（一）预制楼（屋）面板吊装施工流程（见图 4-13）

（二）施工技术要点（以预制带肋底板为例，钢筋桁架板参照执行）

（1）进场验收

1）进场验收主要检查资料及外观质量，防止在运输过程中发生损坏现象，验收应满足现行施工及验收规范的要求。

2）预制板进入工地现场，堆放场地应夯实平整，并应防止地面不均匀下沉。预制带肋底板应按照不同型号、规格分类堆放。预制带肋底板应采用板肋朝上叠放的堆放方式，严禁倒置，各层预制带肋底板下部应设置垫木，垫木应上下对齐，不得脱空。堆放层数不应大于 7 层，并有稳固措施。

（2）在每条吊装完成的梁或墙上测量并弹出相应预制板四周控制线，并在构件上标明每个构件所属的吊装顺序和编号，便于吊装工人辨认。

（3）在叠合板两端部位设置临时可调节支撑杆，预制楼板的支撑设置应符合以下要求：

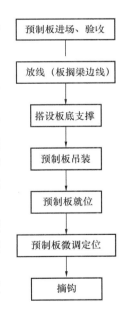

图 4-13 预制楼（屋）面板吊装施工流程图

1）支撑架体应具有足够的承载能力、刚度和稳定性，应能可靠地承受混凝土构件的自重和施工过程中所产生的荷载及风荷载。

2）确保支撑系统的间距及距离墙、柱、梁边的净距符合系统验算要求，上下层支撑应在同一直线上。板下支撑间距不大于 3.3m。

当支撑间距大于 3.3m 且板面施工荷载较大时，跨中需在预制板中间加设支撑，见图

4-14。

图 4-14 叠合板跨中加设支撑示意图

（4）在可调节顶撑上架设木方，调节木方顶面至板底设计标高，开始吊装预制楼板，见图 4-15。

图 4-15 叠合板吊装示意图

预制带肋底板的吊点位置应合理设置，起吊就位应垂直平稳，两点起吊或多点起吊时吊索与板水平面所成夹角不宜小于 60°，不应小于 45°。

（5）吊装应按顺序连续进行，板吊至柱上方 3~6cm 后，调整板位置使锚固筋与梁箍筋错开便于就位，板边线基本与控制线吻合。将预制楼板坐落在木方顶面，及时检查板底与预制叠合梁的接缝是否到位，预制楼板钢筋入墙长度是否符合要求，直至吊装完成。见图 4-16。

安装预制带肋底板时，其搁置长度应满足设计要求。预制带肋底板与梁或墙间宜设置不大于 20mm 的坐浆或垫片。实心平板侧边的拼缝构造形式可采用直平边、双齿边、斜平边、部分斜平边等。实心平板端部伸出的纵向受力钢筋即胡子筋，当胡子筋影响预制带肋底板铺板施工时，可在一端不预留胡子筋，并在不预留胡子筋一端的实心平板上方设置端部连接钢筋代替胡子筋，端部连接钢筋应沿板端交错布置，端部连接钢筋支座锚固长度不应小于 $10d$、深入板内长度不应小于 150mm。

（6）当一跨板吊装结束后，要根据板四周边线及板柱上弹出的标高控制线对板标高及位置进行精确调整，误差控制在 2mm 以内。

**五、预制楼梯施工技术要点**

（一）预制楼梯安装施工流程（见图 4-17）

（二）施工技术要点

图 4-16 叠合板吊装顺序示意图

（1）楼梯间周边梁板叠合后，测量并弹出相应楼梯构件端部和侧边的控制线。

（2）调整索具铁链长度，使楼梯段休息平台处于水平位置，试吊预制楼梯板，检查吊点位置是否准确，吊索受力是否均匀等；试起吊高度不应超过 1m。

（3）楼梯吊至梁上方 30~50cm 后，调整楼梯位置使上下平台锚固筋与梁箍筋错开，板边线基本与控制线吻合。

（4）根据已放出的楼梯控制线，用就位协助设备等将构件根据控制线精确就位，先保证楼梯两侧准确就位，再使用水平尺和捯链调节楼梯水平。

（5）调节支撑板就位后调节支撑立杆，确保所有立杆全部受力，见图 4-18、图 4-19。

### 六、预制阳台、空调板施工技术要点

（一）预制阳台、空调板安装施工流程（见图 4-20）

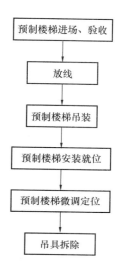

图 4-17 预制楼梯安装施工流程图

（二）施工技术要点

（1）每块预制构件吊装前测量并弹出相应周边（隔板、梁、柱）控制线。

（2）板底支撑采用钢管脚手架＋可调顶托＋100mm×100mm 木方，板吊装前应检查是否有可调支撑高出设计标高，校对预制梁及隔板之间的尺寸是否有偏差，并做相应调整。

（3）预制构件吊至设计位置上方 3~6cm 后，调整位置使锚固筋与已完成结构预留筋错开便于就位，构件边线基本与控制线吻合。

（4）当一跨板吊装结束后，要根据板周边线、隔板上弹出的标高控制线对板标高及位置进行精确调整，误差控制在 2mm 以内。

### 七、预制外墙挂板施工技术要点

（一）外围护墙安装施工流程（见图 4-21）

（二）施工技术要点

**1. 外墙挂板施工前准备**

结构每层楼面轴线垂直控制点不应少于 4 个，楼层上的控制轴线应使用经纬仪由底层原始点直接向上引测；每个楼层应设置 1 个高程控制点；预制构件控制线应由轴线引出，

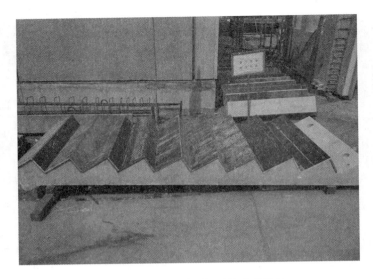

图 4-18 楼梯运到现场后的成品保护

图 4-19 楼梯吊装示意图

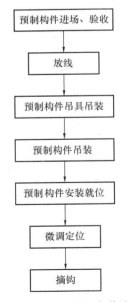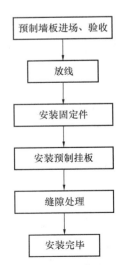

图 4-20 预制阳台、空调板安装施工流程图　　图 4-21 外围护墙安装施工流程图

每块预制构件应有纵横控制线 2 条；预制外墙挂板安装前应在墙板内侧弹出竖向与水平线，安装时应与楼层上该墙板控制线相对应。当采用饰面砖外装饰时，饰面砖竖向、横向砖缝应引测。贯通到外墙内侧来控制相邻板与板之间，层与层之间饰面砖砖缝对直；预制外墙板垂直度测量，4 个角留设的测点为预制外墙板转换控制点，用靠尺以此 4 个点在内侧进行垂直度校核和测量；应在预制外墙板顶部设置水平标高点，在上层预制外墙板吊装时，应先垫垫块或在构件上预埋标高控制调节件。

2．外墙挂板的吊装

预制构件应按照施工方案吊装顺序预先编号，严格按照编号顺序起吊；吊装应采用慢起、稳升、缓放的操作方式，应系好缆风绳控制构件转动；在吊装过程中，应保持稳定，不得偏斜、摇摆和扭转。预制外墙板的校核与偏差调整应按以下要求进行：

（1）预制外墙挂板侧面中线及板面垂直度的校核，应以中线为主调整。

（2）预制外墙板上下校正时，应以竖缝为主调整。

（3）墙板接缝应以满足外墙面平整为主，内墙面不平或翘曲时，可在内装饰或内保温层内调整。

（4）预制外墙板山墙阳角与相邻板的校正，以阳角为基准调整。

（5）预制外墙板拼缝平整的校核，应以楼地面水平线为准调整。

3．外墙挂板底部固定、外侧封堵

外墙挂板底部坐浆材料的强度等级不应小于被连接构件的强度，坐浆层的厚度不应大于 20mm，底部坐浆强度检验以每层为一个检验批，每工作班组应制作一组且每层不应少于 3 组边长为 70.7mm 的立方体试件，标准养护 28d 后进行抗压强度试验。为了防止外墙挂板外侧坐浆料外漏，应在外侧保温板部位固定 50mm（宽）×20mm（厚）的具备 A 级保温性能的材料进行封堵。

预制构件吊装到位后应立即进行下部螺栓固定并做好防腐防锈处理。上部预留钢筋与叠合板钢筋或框架梁预埋件焊接。

4．预制外墙挂板连接接缝施工

预制外墙挂板连接接缝采用防水密封胶施工时应符合下列规定：

（1）预制外墙板连接接缝防水节点基层及空腔排水构造做法应符合设计要求。

（2）预制外墙挂板外侧水平、竖直接缝的防水密封胶封堵前，侧壁应清理干净，保持干燥。嵌缝材料应与挂板牢固粘结，不得漏嵌和虚粘。

（3）外侧竖缝及水平缝防水密封胶的注胶宽度、厚度应符合设计要求，防水密封胶应在预制外墙挂板校核固定后嵌填，先安放填充材料，然后注胶。防水密封胶应均匀顺直、饱满密实，表面光滑连续。

（4）外墙挂板"十"字拼缝处的防水密封胶注胶连续完成。

**八、预制内隔墙施工技术要点**

（一）预制内隔墙安装施工流程（见图 4-22）

（二）操作要点

（1）对照图纸在现场弹出轴线，并按排板设计标明每块板的位置，放线后需经技术员校核认可。

（2）预制构件应按照施工方案吊装顺序预先编号，严格按照编号顺序起吊；吊装应采

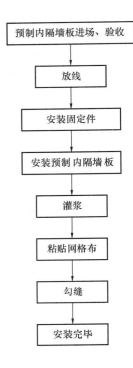

图 4-22 预制内隔墙
安装施工流程图

用慢起、稳升、缓放的操作方式,应系好缆风绳控制构件转动;在吊装过程中,应保持稳定,不得偏斜、摇摆和扭转。

吊装前在底板上测量、放线(也可提前在墙板上安装定位角码)。将安装位置洒水阴湿,地面上、墙板下放好垫块,垫块保证墙板底标高的正确。垫板造成的空隙可用坐浆方式填补,坐浆的具体技术要求同外墙板的坐浆。

起吊内墙板,沿着所弹墨线缓缓下放,直至坐浆密实,复测墙板水平位置是否有偏差,确定无偏差后,利用预制墙板上的预埋螺栓和地面后置膨胀螺栓(将膨胀螺栓在环氧树脂内蘸一下,立即打入地面)安装斜支撑杆,复测墙板顶标高后方可松开吊钩。

利用斜支撑杆调节墙板垂直度(注:在利用斜支撑杆调节墙板垂直度时必须两名工人同时间、同方向,分别调节两根斜支撑杆);刮平并补齐底部缝隙的坐浆。复核墙体的水平位置和标高、垂直度以及相邻墙体的平整度。

检查工具:经纬仪、水准仪、靠尺、水平尺(或软管)、铅锤、拉线。

填写预制构件安装验收表,施工现场负责人及甲方代表、项目管理、监理单位签字后进入下道工序(注:留存完成前后的影像资料)。

(3)内填充墙底部坐浆、墙体临时支撑

内填充墙底部坐浆材料的强度等级不应小于被连接构件的强度,坐浆层的厚度不应大于20mm,底部坐浆强度检验以每层为一个检验批,每工作班组应制作一组且每层不应少于3组边长为70.7mm的立方体试件,标准养护28d后进行抗压强度试验。预制构件吊装到位后,应立即进行墙体的临时支撑工作,每个预制构件的临时支撑不宜少于2道,其支撑点距离板底的距离不宜小于构件高度的2/3,且不应小于构件高度的1/2,安装好斜支撑后,通过微调临时斜支撑使预制构件的位置和垂直度满足规范要求,最后拆除吊钩,进行下一块墙板的吊装工作。

## 第三节 钢筋套筒灌浆技术要点

灌浆套筒进场时,应抽取套筒采用与之匹配的灌浆料制作对中连接接头,并作抗拉强度检验,检验结果应符合《钢筋机械连接技术规程》JGJ 107—2010中Ⅰ级接头对抗拉强度的要求。

**一、灌浆套筒钢筋连接注浆工序**(见图4-23)

**二、工序操作注意事项**

(1)清理墙体接触面:墙体下落前应保持预制墙体与混凝土接触面无灰渣、无油污、无杂物。

(2)铺设高强度垫块:采用高强度垫块将预制墙体的标高找好,使预制墙体标高得到有效的控制。

(3) 安放墙体：在安放墙体时应保证每个注浆孔通畅，预留孔洞满足设计要求，孔内无杂物。

(4) 调整并固定墙体：墙体安放到位后采用专用支撑杆件进行调节，保证墙体垂直度、平整度在允许误差范围内。

(5) 墙体两侧密封：根据现场情况，采用砂浆对两侧缝隙进行密封，确保灌浆料不从缝隙中溢出，减少浪费。

(6) 润湿注浆孔：注浆前应用水将注浆孔进行润湿，减少因混凝土吸水导致注浆强度达不到要求，且与灌浆孔连接不牢靠。

(7) 拌制灌浆料：搅拌完成后应静置3~5min，待气泡排除后方可进行施工。灌浆料流动度在200~300mm间为合格。

(8) 进行注浆：采用专用的注浆机进行注浆，该注浆机使用一定的压力，将灌浆料由墙体下部注浆孔注入，灌浆料先流向墙体下部20mm找平层，当找平层注满后，注浆料由上部排气孔溢出，视为该孔注浆完成，并用泡沫塞子进行封堵。至该墙体所有上部注浆孔均有浆料溢出后视为该面墙体注浆完成。

(9) 进行个别补注：完成注浆半个小时后检查上部注浆孔是否有因注浆料的收缩、堵塞不及时、漏浆造成的个别孔洞不密实情况。如有则用手动注浆器对该孔进行补注。

(10) 进行封堵：注浆完成后，通知监理进行检查，合格后进行注浆孔的封堵，封堵要求与原墙面平整，并及时清理墙面上、地面上的余浆，见图4-24。

### 三、质量保证措施

(1) 灌浆料的品种和质量必须符合设计要求和有关标准的规定。每次搅拌应有专人进行搅拌。

(2) 每次搅拌应记录用水量，严禁超过设计用量。

(3) 注浆前应充分润湿注浆孔洞，防止因孔内混凝土吸水导致灌浆料开裂情况发生。

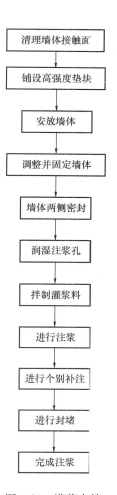

图4-23 灌浆套筒钢筋连接注浆工序

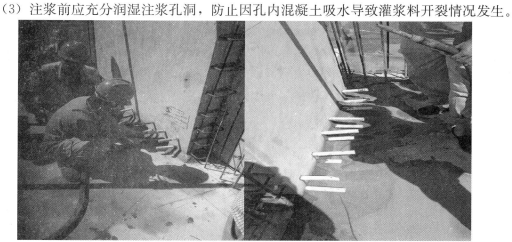

图4-24 注浆及封堵

(4) 防止因注浆时间过长导致孔洞堵塞,若在注浆时造成孔洞堵塞应从其他孔洞进行补注,直至该孔洞注浆饱满。

(5) 灌浆完毕,立即用清水清洗注浆机、搅拌设备等。

(6) 灌浆完成后 24h 内禁止对墙体进行扰动。

(7) 待注浆完成 1d 后应逐个对注浆孔进行检查,发现有个别未注满的情况应进行补注。

## 第四节 后浇混凝土

### 一、竖向节点构件钢筋绑扎

绑扎边缘构件及后浇段部位的钢筋,绑扎节点钢筋时需注意以下事项:

(一)现浇边缘构件节点钢筋

(1) 调整预制墙板两侧的边缘构件钢筋,构件吊装就位。

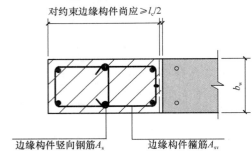

图 4-25 箍筋绑扎示意图

(2) 绑扎边缘构件纵筋范围内的箍筋,绑扎顺序是由下而上,然后将每个箍筋平面内的甩出筋、箍筋与主筋绑扎固定就位。由于两墙板间的距离较为狭窄,制作箍筋时将箍筋做成开口箍状,以便于箍筋绑扎,见图 4-25。

(3) 将边缘构件纵筋以上范围内的箍筋套入相应的位置,并固定于预制墙板的甩出钢筋上。

(4) 安放边缘构件纵筋并将其与插筋绑扎固定。

(5) 将已经套接的边缘构件箍筋安放调整到位,然后将每个箍筋平面内的甩出筋、箍筋与主筋绑扎固定就位。

(二)竖缝处理

在绑扎节点钢筋前先将相邻外墙板间的竖缝封闭。详见图 4-26(与预制墙板的竖缝处理方式相同)。

外墙板内缝处理:在保温板处填塞发泡聚氨酯(待发泡聚氨酯溢出后,视为填塞密实),内侧采用带纤维的胶带封闭。

外墙板外缝处理(外墙板外缝可以在整体预制构件吊装完毕后再行处理):先填塞聚乙烯棒,然后在外皮打建筑耐候胶,见图 4-27。

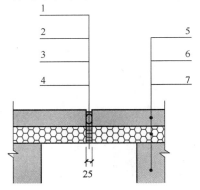

图 4-26 竖缝处理示意图
1—灌浆料密实;2—发泡芯棒;
3—封堵材料;4—后浇段;
5—外叶墙板;6—夹心保温层;
7—内叶剪力墙板

### 二、支设竖向节点构件模板

支设边缘构件及后浇段模板。充分利用预制内墙板间的缝隙及内墙板上预留的对拉螺栓孔充分拉模以保证墙板边缘混凝土模板与后支钢模板(或木模板)

连接紧固好，防止胀模。支设模板时应注意以下几点：

（1）节点处模板应在混凝土浇筑时不产生明显变形漏浆，并不宜采用周转次数较多的模板。为防止漏浆污染预制墙板，模板接缝处粘贴海棉条。

（2）采取可靠措施防止胀模。设计时按钢模考虑，施工时也可使用木模，但要保障施工质量。

### 三、叠合梁板上部钢筋安装

（1）键槽钢筋绑扎时，为确保 U 形钢筋位置的准确，在钢筋上口加 $\Phi6$ 钢筋，卡在键槽当中作为键槽钢筋的分布筋。

图 4-27　外墙板外缝处理

（2）叠合梁板上部钢筋施工。所有钢筋交错点均绑扎牢固，同一水平直线上相邻绑扣呈八字形，朝向混凝土构件内部。

图 4-28　边缘构件浇筑后示意图

### 四、浇筑楼板上部及竖向节点构件混凝土

（1）绑扎叠合楼板负弯矩钢筋和板缝加强钢筋网片，预留预埋管线、埋件、套管、预留洞等。边缘构件浇筑后示意见图 4-28。

浇筑时，在露出的柱子插筋上做好混凝土顶标高标志，利用外圈叠合梁上的外侧预埋钢筋固定边模专用支架，调整边模顶标高至板顶设计标高，浇筑混凝土，利用边模顶面和柱插筋上的标高控制标志控制混凝土厚度和混凝土平整度。

（2）当后浇叠合楼板混凝土强度符合现行国家及地方规范要求时，方可拆除叠合板下临时支撑，以防止叠合梁发生侧倾或混凝土过早承受拉应力而使现浇节点出现裂缝。

## 第五节　结构质量控制

### 一、预制构件进场验收质量控制要点

预制构件进场，使用方应重点检查结构性能、预制构件粗糙面的质量及键槽的数量等是否符合设计要求，并按下述要求进行进场验收，检查供货方所提供的材料。预制构件的质量、标识应符合设计要求和现行国家相关标准规定。

（1）预制构件进场验收

预制构件应在明显部位标明生产单位、构件编号、生产日期和质量验收标志。构件上的预埋件、插筋和预留孔洞的规格、位置和数量应符合标准图或设计的要求。产品合格

证、产品说明书等相关的质量证明文件应齐全，且与产品相符。预制构件外观质量判定方法应符合表 4-1 的规定。

预制构件外观质量判定方法　　　　　　　　　　　表 4-1

| 项目 | 现象 | 质量要求 | 判定方法 |
|---|---|---|---|
| 露筋 | 钢筋未被混凝土完全包裹而外露 | 受力主筋不应有，其他构造钢筋和箍筋允许少量 | 观察 |
| 蜂窝 | 混凝土表面石子外露 | 受力主筋部位和支撑点位置不应有，其他部位允许少量 | 观察 |
| 孔洞 | 混凝土中孔穴深度和长度超过保护层厚度 | 不应有 | 观察 |
| 夹渣 | 混凝土中夹有杂物且深度超过保护层厚度 | 禁止夹渣 | 观察 |
| 内、外形缺陷 | 内表面缺棱掉角、表面翘曲、抹面凹凸不平，外表面面砖粘结不牢、位置偏差、面砖嵌缝没有达到横平竖直、转角面砖棱角不直、面砖表面翘曲不平 | 内表面缺陷基本不允许，要求达到预制构件允许偏差；外表面仅允许极少量缺陷，但禁止面砖粘结不牢，位置偏差、面砖翘曲不平不得超过允许值 | 观察 |
| 内、外表面缺陷 | 内表面麻面、起砂、掉皮、污染，外表面面砖污染、窗框保护纸破坏 | 允许少量污染及不影响结构使用功能和结构尺寸的缺陷 | 观察 |
| 连接部位缺陷 | 连接处混凝土缺陷及连接钢筋、拉结件松动 | 不应有 | 观察 |
| 破损 | 影响外观 | 影响结构性能的破损不应有，不影响结构性能和使用功能的破损不宜有 | 观察 |
| 裂缝 | 裂缝贯穿保护层到达构件内部 | 影响结构性能的裂缝不应有，不影响结构性能和使用功能的裂缝不宜有 | 观察 |

（2）预制构件的外观质量不应有严重缺陷，对已经出现的严重缺陷，应根据合同约定按技术处理方案进行处理，并重新检查验收。

（3）预制构件尺寸的允许偏差按表 4-2 的要求检验，并应符合规范的规定。

预制构件尺寸的允许偏差及检验方法　　　　　　　　表 4-2

| 项目 | | | 允许偏差（mm） | 检验方法 |
|---|---|---|---|---|
| 长度 | 板、梁、柱、桁架 | ＜12m | ±5 | 尺量检查 |
| | | ≥12m 且＜18m | ±10 | |
| | | ≥18 | ±20 | |
| | 墙板 | | ±4 | |
| 宽度、高（厚）度 | 板、梁、柱、桁架截面尺寸 | | ±5 | 钢尺量一端及中部，取其中偏差绝对值较大处 |
| | 墙板的高度、厚度 | | ±3 | |
| 表面平整度 | 板、梁、柱、墙板内表面 | | 5 | 2m 靠尺和塞尺检查 |
| | 墙板外表面 | | 3 | |

续表

| 项目 | | 允许偏差（mm） | 检验方法 |
|---|---|---|---|
| 侧向弯曲 | 板、梁、柱 | $L/750$ 且 $\leqslant 20$ | 拉线、钢尺量最大侧向弯曲处 |
| | 墙板、桁架 | $L/1000$ 且 $\leqslant 20$ | |
| 翘曲 | 板 | $L/750$ | 调平尺在两端量测 |
| | 墙板 | $L/1000$ | |
| 对角线差 | 板 | 10 | 钢尺量两个对角线 |
| | 墙板、门窗口 | 5 | |
| 挠曲变形 | 梁、板、桁架设计起拱 | ±10 | 拉线、钢尺量最大弯曲处 |
| | 梁、板、桁架下垂 | 0 | |
| 预留孔 | 中心线位置 | 5 | 尺量检查 |
| | 孔尺寸 | ±5 | |
| 预留洞 | 中心线位置 | 10 | 尺量检查 |
| | 洞口尺寸、深度 | ±10 | |
| 门窗口 | 中心线位置 | 5 | 尺量检查 |
| | 宽度、高度 | ±3 | |
| 预埋件 | 预埋板中心线位置 | 5 | 尺量检查 |
| | 预埋板与混凝土面平面高差 | 0，−5 | |
| | 预埋螺栓中心线位置 | 2 | |
| | 预埋螺栓外露长度 | +10，−5 | |
| | 预埋螺栓、预埋套筒中心线位置 | 2 | |
| | 预埋套筒、螺母与混凝土面平面高差 | 0，−5 | |
| | 线管、电盒、木砖、吊环与构件平面的中心线位置偏差 | 20 | |
| | 线管、电盒、木砖、吊环与构件表面混凝土高差 | 0，−10 | |
| 预留插筋 | 中心线位置 | 3 | 尺量检查 |
| | 外露长度 | +5，−5 | |
| 键槽 | 中心线位置 | 5 | 尺量检查 |
| | 长度、宽度、深度 | ±5 | |
| 桁架钢筋高度 | | +5，0 | 尺量检查 |

注：1. $L$ 为构件最长边的长度（mm）；
2. 检查中心线、螺栓和孔洞位置偏差时，应沿纵、横两个方向量测，并取其偏差较大者。

（4）预制构件不应有影响结构性能和安装、使用功能的尺寸偏差。对超过尺寸允许偏差且影响结构性能和安装、使用功能的部位，应根据合同约定按技术处理方案进行处理，并重新检查验收。

（5）预制构件的外观质量不宜有一般缺陷。对已经出现的一般缺陷，应根据合同约定按技术处理方案进行处理，并重新检查验收，构件表面破损和裂缝处理方法见表3-2。

（6）预制构件按设计要求和现行国家标准《混凝土结构工程施工质量验收规范》GB

50204 的有关规定进行结构性能检验。陶瓷类装饰面砖与构件基层的粘结强度应符合现行行业标准《建筑工程饰面砖粘结强度检验标准》JGJ 110 和《外墙饰面砖工程施工及验收规程》JGJ 126 等的规定。夹心外墙板的内外叶墙板之间的拉结件类别、数量及使用位置应符合设计要求。

**二、预制构件安装质量控制要点**

多层装配整体式混凝土结构其预制剪力墙安装时，底部可采用坐浆处理，坐浆厚度不宜大于 20mm，坐浆材料的强度应大于所连接预制构件的设计强度，见图 4-29。

图 4-29  板下坐浆示意图

（1）墙板坐浆先将墙板下面的现浇板面清理干净，不得有混凝土残渣、油污、灰尘等，以防止构件注浆后产生隔离层影响结构性能，将安装部位洒水阴湿，地面上、墙板下放好垫块（垫块材质为高强度砂浆垫块或垫铁），垫块保证墙板底标高的正确。垫板造成的空隙可用坐浆方式填补（注：坐浆料通常在 1h 内初凝，所以吊装必须连续作业，相邻墙板的调整工作必须在坐浆料初凝前完成）。

（2）坐浆料须满足以下技术要求：

1）坐浆料坍落度不宜过高，一般使用灌浆料加适当的水搅拌而成，不宜调制过稀，必须保证坐浆完成后成中间高两端低的形状。

2）坐浆料质量要求：粗骨料最大粒径在 5mm 之内，且坐浆料必须具有微膨胀性。

3）坐浆料的强度等级应比相应的预制墙板混凝土的设计强度提高一个等级。

（3）装配整体式结构尺寸的允许偏差及检验方法应符合表 4-3 的规定。

装配整体式结构尺寸的允许偏差及检验方法　　　　　　　　表 4-3

| 项　　目 | | 允许偏差（mm） | 检验方法 |
| --- | --- | --- | --- |
| 构件中心线对轴线位置 | 基础 | 15 | 尺量检查 |
| | 竖向构件（柱、墙板、桁架） | 10 | |
| | 水平构件（梁、板） | 5 | |

续表

| 项　目 | | | 允许偏差（mm） | 检验方法 |
|---|---|---|---|---|
| 构件标高 | 梁、板底面或顶面 | | ±5 | 水准仪或尺量检查 |
| | 柱、墙板顶面 | | ±3 | |
| 构件垂直度 | 柱、墙板 | <5m | 5 | 经纬仪量测 |
| | | ≥5m且<10m | 10 | |
| | | ≥10m | 20 | |
| 构件倾斜度 | 梁、桁架 | | 5 | 垂线、钢尺检查 |
| 相邻构件平整度 | 板端面 | | 5 | 钢尺、塞尺量测 |
| | 梁、板下表面 | 抹灰 | 5（国标省标不同） | |
| | | 不抹灰 | 3（国标省标不同） | |
| | 柱、墙板侧表面 | 外露 | 5 | |
| | | 不外露 | 10 | |
| 构件搁置长度 | 梁、板 | | ±10 | 尺量检查 |
| 支座、支垫中心位置 | 板、梁、柱、墙板、桁架 | | 10（国标省标不同） | 尺量检查 |
| 接缝宽度 | | | ±5 | 尺量检查 |

注：装配整体式混凝土结构安装完毕后，按楼层、结构缝或施工段划分检验批。在同一检验批内，对梁、柱应抽查构件数量的10%，且不少于3件；对于墙和板，应按有代表性的自然间抽查10%，且不少于3间；对大空间结构，墙可按相邻轴线间高度5m左右划分检查面，板可按纵、横轴线划分检查面，抽查10%，且均不少于3面。

（4）连接节点的防腐、防锈、防火和防水构造措施应满足设计要求。

（5）承受内力的接头和拼缝，当其混凝土强度未达到设计要求时，不得吊装上一层结构构件；当设计无具体要求时，应在混凝土强度不小于10MPa或具有足够的支撑时，方可吊装上一层结构构件。已安装完毕的装配整体式混凝土结构，应在混凝土强度达到设计要求后，方可承受全部设计荷载。

（6）预制构件连接接缝处防水材料应符合设计要求，并具有合格证、厂家检测报告及进场复试报告。

### 三、钢筋工程质量控制要点

（1）装配整体式混凝土结构后浇混凝土内的连接钢筋应埋设准确，连接与锚固方式应符合设计和现行有关技术标准的规定。

（2）构件连接处的钢筋位置应符合设计要求。当设计无具体要求时，应保证主要受力构件和构件中主要受力方向的钢筋位置，并应符合下列规定：

1）框架节点处，梁纵向受力钢筋宜置于柱纵向钢筋内侧；

2）当主次梁底部标高相同时，次梁下部钢筋应放在主梁下部钢筋之上；

3）剪力墙中水平分布钢筋宜置于竖向钢筋外侧，并在墙端弯折锚固。

（3）钢筋套筒灌浆连接及浆锚连接接头的预留钢筋应采用专用模具定位，并应符合下列规定：

1）定位钢筋中心位置存在细微偏差时，宜采用钢套管方式作细微调整；

2）定位钢筋中心位置存在严重偏差影响预制构件安装时，应按设计单位确认的技术方案处理；

3）应采用可靠的固定措施控制连接钢筋的外露长度，以满足设计要求。

（4）装配整体式混凝土结构中后浇混凝土中连接钢筋、预埋件安装位置的允许偏差及检验方法应符合表 4-4 的规定。

**连接钢筋、预埋件安装位置的允许偏差及检验方法**　　　　表 4-4

| 项目 | | 允许偏差（mm） | 检验方法 |
|---|---|---|---|
| 连接钢筋 | 中心线位置 | 5 | 尺量检查 |
| | 长度 | ±10 | |
| 灌浆套筒连接钢筋 | 中心线位置 | 2 | 宜用专用定位模具整体检查 |
| | 长度 | 3，0 | 尺量检查 |
| 安装用预埋件 | 中心线位置 | 3 | 尺量检查 |
| | 水平偏差 | 3，0 | 尺量和塞尺检查 |
| 斜支撑预埋件 | 中心线位置 | ±10 | 尺量检查 |
| 普通预埋件 | 中心线位置 | 5 | 尺量检查 |
| | 水平偏差 | 3，0 | 尺量和塞尺检查 |

注：检查预埋中心线位置，应沿纵、横两个方向量测，并取其中偏差较大者。

（5）钢筋采用焊接或机械连接时，接头质量应符合国家现行标准《钢筋焊接及验收规程》JGJ 18-2012、《钢筋机械连接技术规程》JGJ 107 的要求。采用埋件焊接连接时应符合国家现行标准《钢筋焊接及验收规程》JGJ 18 的要求。钢筋套筒灌浆连接部分应符合设计要求及现行建筑工业行业标准《钢筋连接用灌浆套筒》JG/T 398 和《钢筋连接用套筒灌浆料》JG/T 408 的规定。钢筋采用弯钩或机械锚固措施时，钢筋锚固端的锚固长度应符合现行国家标准《混凝土结构设计规范》GB 50010 的有关规定。采用钢筋锚固板时，应符合现行行业标准《钢筋锚固板应用技术规程》JGJ 256 的有关规定。

**四、模板工程质量控制要点**

（1）模板与支撑应具有足够的承载力、刚度，稳固可靠，应符合设计、专项施工方案的要求及相关技术标准的规定。

（2）模板与支撑安装应保证工程结构构件各部分形状、尺寸和位置的准确，模板安装应牢固、严密、不漏浆，且便于钢筋敷设和混凝土浇筑、养护，采取可靠措施防止胀模。

（3）后浇混凝土结构模板宜采用水性脱模剂。脱模剂应能有效减小混凝土与模板间的吸附力，并应有一定的成模强度，且不应影响脱模后的混凝土表面的后期装饰。

（4）装配整体式混凝土结构中后浇混凝土结构模板安装的允许偏差及检验方法应符合表 4-5 的规定。

**模板安装的允许偏差及检验方法**　　　　表 4-5

| 项目 | | 允许偏差（mm） | 检验方法 |
|---|---|---|---|
| 轴线位置 | | 5 | 尺量检查 |
| 底模上表面标高 | | ±5 | 水准仪或拉线、尺量检查 |
| 截面内部尺寸 | 柱、梁 | +4，-5 | 尺量检查 |
| | 墙 | +4，-3 | 尺量检查 |

续表

| 项目 | | 允许偏差（mm） | 检验方法 |
|---|---|---|---|
| 层高垂直度 | 不大于5m | 6 | 经纬仪或吊线、尺量检查 |
| | 大于5m | 8 | 经纬仪或吊线、尺量检查 |
| 相邻两板表面高低差 | | 2 | 尺量检查 |
| 表面平整度 | | 5 | 用2m靠尺和塞尺检查 |

注：检查轴线位置时，应沿纵、横两个方向量测，并取其偏差较大者。

（5）模板拆除时，宜采取先拆非承重模板、后拆承重模板的顺序。水平结构模板应由跨中向两端拆除，竖向结构模板应自上而下拆除。

（6）当后浇混凝土强度能保证构件表面及棱角不受损伤时，方可拆除侧模模板。

（7）叠合构件的后浇混凝土同条件立方体抗压强度达到设计要求时，方可拆除龙骨及下一层支撑；当设计无具体要求时，同条件养护的后浇混凝土立方体抗压强度应符合表4-6的规定。

**模板与支撑拆除时的后浇混凝土强度要求**　　　　表4-6

| 构件类型 | 构件跨度（m） | 达到设计混凝土强度等级值的百分率（%） |
|---|---|---|
| 板 | ≤2 | ≥50 |
| | >2且≤8 | ≥75 |
| | >8 | ≥100 |
| 梁 | ≤8 | ≥75 |
| | >8 | ≥100 |
| 悬臂构件 | | ≥100 |

（8）预制墙板斜支撑和限位装置，应在连接节点和连接接缝部位后浇混凝土或灌浆料强度达到设计要求后拆除；当设计无具体要求时，后浇混凝土或灌浆料应达到设计强度的75%以上方可拆除。

（9）预制柱斜支撑应在预制柱与连接节点部位后浇混凝土或灌浆料强度达到设计要求且上部构件吊装完成后拆除。

**五、混凝土工程质量控制要点**

（1）浇筑混凝土前，应作隐蔽项目现场检查与验收。验收项目应包括下列内容：

1）钢筋的牌号、规格、数量、位置、间距等；

2）纵向受力钢筋的连接方式、接头位置、接头数量、接头面积百分率、搭接长度等；

3）纵向受力钢筋的锚固方式及长度；

4）箍筋、横向钢筋的牌号、规格、数量、位置、间距，箍筋弯钩的弯折角度及平直段长度；

5）预埋件的规格、数量、位置；

6）混凝土粗糙面的质量，键槽的规格、数量、位置；

7）预留管线、线盒等的规格、数量、位置及固定措施。

（2）混凝土浇筑完毕后，应按施工技术方案要求及时采取有效的养护措施，并应符合以下规定：

1) 混凝土浇筑完毕后，应在12h以内对混凝土加以覆盖并养护；
2) 浇水次数应能保持混凝土处于湿润状态；
3) 采用塑料薄膜覆盖养护的混凝土，其敞露的全部表面应覆盖严密，并应保持塑料薄膜内有凝结水；
4) 叠合层及构件连接处后浇混凝土的养护应符合规范要求；
5) 混凝土强度达到1.2MPa前，不得在其上踩踏或安装模板及支架。

（3）混凝土冬期施工应按现行规范《混凝土结构工程施工规范》GB 50666、《建筑工程冬期施工规程》JGJ/T 104的相关规定执行。

（4）叠合构件混凝土浇筑前，应清除叠合面上的杂物、浮浆及松散骨料，表面干燥时应洒水湿润，洒水后不得留有积水。应检查并校正预留构件的外露钢筋。

（5）叠合构件混凝土浇筑时，应采取由中间向两边的方式。

（6）叠合构件混凝土浇筑时，不应移动预埋件的位置，且不得污染预埋件外露连接部位。

（7）叠合构件上一层混凝土剪力墙的吊装施工，应在与剪力墙整浇的叠合构件后浇层达到足够强度后进行。

（8）装配整体式混凝土结构中预制构件的连接处混凝土强度等级不应低于所连接的各预制构件混凝土设计强度中的较大值。

（9）用于预制构件连接处的混凝土或砂浆，宜采用无收缩混凝土或砂浆，并宜采取提高混凝土或砂浆早期强度的措施；在浇筑过程中应振捣密实，并应符合有关标准和施工作业要求。

## 第六节  水、电、暖等预留预埋

### 一、水暖安装洞口预留

（1）当水暖系统中的一些穿楼板（墙）套管不易安装时，可采用直接预埋套管的方法，埋设于楼（屋）面、空调板、阳台板上，包括地漏、雨水斗等，需要预先埋设套管。有预埋管道附件的预制构件在工厂加工时，应做好保洁工作，避免附件被混凝土等材料污染、堵塞。

（2）由于预制混凝土构件是在工厂生产现场组装，和主体结构间靠金属件或现浇处理进行连接的。因此，所有预埋件的定位除了要满足距墙面、穿越楼板和穿梁的结构要求外，还应给金属件和墙体留有安装空间，一般距两侧构件边缘不小于40mm。

（3）装配式建筑宜采用同层排水。当采用同层排水时，下部楼板应严格按照建筑、结构、给水排水专业的图纸，预留足够的施工安装距离。并且应严格按照给水排水专业的图纸，预留好排水管道的预留孔洞。

### 二、电气安装预留预埋

1. 预留孔洞

预制构件一般不得再进行打孔、开洞，特别是预制墙应按设计要求标高预留好过墙的孔洞，重点注意预留的位置、尺寸、数量等应符合设计要求。

2. 预埋管线及预埋件

电气施工人员对预制墙构件进行检查，检查需要预埋的箱盒、线管、套管、大型支架埋件等是否漏设，规格、数量、位置等是否符合要求。

预制墙构件中主要埋设：配电箱、等电位联结箱、开关盒、插座盒、弱电系统接线盒（消防显示器、控制器、按钮、电话、电视、对讲等）及其管线。

预埋管线应畅通，金属管线内外壁应按规定做除锈和防腐处理，清除管口毛刺。埋入楼板及墙内管线的保护层不小于15mm，消防管路保护层不小于30mm。

3. 防雷、等电位联结点的预埋

装配式建筑的预制柱是在工厂加工制作的，两段柱体对接时，较多采用的是套管连接方式：一段柱体端部为套筒，另一段为钢筋，钢筋插入套筒后注浆。如用柱结构钢筋作为防雷引下线，就要将两段柱体钢筋用等截面钢筋焊接起来，达到电气贯通的目的。选择柱体内的两根钢筋作为引下线和设置预埋件时，应尽量选择预制墙、柱的内侧，以便于后期焊接操作。

预制构件生产时应注意避雷引下线的预留预埋，在柱子的两个端部均需要焊接与柱筋同截面的扁钢作为引下线埋件。应在设有引下线的柱子室外地面上500mm处，设置接地电阻测试盒，测试盒内测试端子与引下线焊接。此处应在工厂加工预制柱时做好预留，预制构件进场时现场管理人员进行检查验收。

预制构件应在金属管道入户处做等电位联结，卫生间内的金属构件应进行等电位联结，应在预制构件中预留好等电位联结点。整体卫浴内的金属构件应在部品内完成等电位联结，并标明和外部联结的接口位置。

为防止侧击雷，应按照设计图纸的要求，将建筑物内的各种竖向金属管道与钢筋连接，部分外墙上的栏杆、金属门窗等较大金属物要与防雷装置相连，结构内的钢筋连成闭合回路作为防侧击雷接闪带。均压环及防侧击雷接闪带均须与引下线做可靠连接，预制构件处需要按照具体设计图纸要求预埋连接点。

### 三、整体卫浴安装预留预埋

（1）施工测量卫生间截面进深、开间、净高、管道井尺寸、窗高、地漏、排水管口的尺寸、预留的冷热水接头、电气线盒、管线、开关、插座的位置等，此外应提前确认楼梯间、电梯的通行高度、宽度以及进户门的高度、宽度等，以便于整体卫浴部件的运输。

（2）卫生间地面找平，给水排水预留管口检查，确认排水管道及地漏是否畅通无堵塞现象，检查洗脸面盆排水孔是否可以正常排水，给水预留管口进行打压检查，确认管道无渗漏水问题。

（3）按照整体卫浴说明书进行防水底盘加强筋的布置，加强筋布置时应考虑底盘的排水方向，同时应根据图纸设计要求在防水底盘上安装地漏等附件。

## 第七节 居住建筑全装修施工

### 一、基本知识

居住建筑全装修工程是实现土建装修一体化、设计标准化、装修部品集成供应、绿色施工、提高工程质量、节能减排的必要手段。

(1) 全装修是指居住建筑在竣工前，建筑内部所有功能空间固定面全部铺装或粉刷完成，厨房和卫生间的基本设备全部安装完成；水、暖、电、通风等基本设备全部安装到位。

(2) 部品是由基本建筑材料、产品、零配件等通过模数协调组合、工业化加工，作为系统集成和技术配套的部件，可在施工现场进行组装；为建筑中的某一单元且满足该部位规定的一项或者几项功能要求。

(3) 全装修基础工程是装饰装修施工开始之前，对原房屋土建项目进行的后续工程，主要包含隔墙、水电安装、抹灰、木作、油漆等项目。

## 二、全装修工程的设计

(1) 全装修设计应遵循建筑、装修、部品一体化的设计原则，推行装修设计标准化、模数化、通用化。

(2) 全装修设计应遵循各部品（体系）之间集成化设计原则，并满足部品制造工厂化、施工安装装配化要求。

(3) 施工综合图是在全装修设计图纸基础上，经过多专业共同会审协调，以具体施工部位为对象的、集多工种设计于一体的、用于直接指导施工的图纸，旨在反映所使用构（配）件、设备和各类管线的材质、规格、尺寸、连接方式和相对位置关系等。保证做到：

1) 建筑、结构、机电设备、装饰各专业的二次装配施工图进行图纸叠加，确认各专业图示的平面位置和空间高度进行相互避让与协调。

2) 应以装饰饰面控制为主导，遵循小断面避让大断面、侧面避让立面、阴接避让阳接的避让原则。

3) 室内装饰装配施工前，应进行装配综合图的确认工作，并经设计单位审核认可后，方可作为装配施工依据。

4) 施工过程中应减少对装配施工综合图和选用部件型号等事项的修改，如需修改时，应出具正式变更文件存档。

5) 采用统一、明确的配套性区域编码，实现无误的配套性区域标准化装配施工。

6) 特殊的节能原则，即：零部件产品标准化、可拆装性及返厂进行多次加工翻新、改变色、质地的反复应用的特性。

## 三、全装修工程的组成

（一）装配式居住建筑全装修

装配式居住建筑全装修包括：预制构件、部品的装修施工和一般性装修施工。

（二）预制构件部品

预制构件、部品主要包含：

(1) 非承重内隔墙系统；

(2) 集成式厨房系统；

(3) 集成式卫生间系统；

(4) 预制管道井；

(5) 预制排烟道；

(6) 预制护栏。

预制构件、部品的装修施工一般在预制工厂内完成，限于本书篇幅，本章节仅介绍

"非承重内隔墙系统"和"集成式卫生间系统"。

由于"集成式厨房系统"与"集成式卫生间系统"的组成类似，可参照相关内容进行设计、施工和验收。

"预制管道井"、"预制排烟道"、"预制护栏"的装饰施工过程因与"非承重内隔墙系统"相似，本章节不再重复进行介绍。

（三）一般性全装修施工

一般性全装修施工包括：防水工程、内门窗工程、吊顶工程、墙面装饰工程、地面铺装工程、涂饰工程、细部工程等。由于"一般性全装修施工"的施工流程与传统的施工工艺没有区别，因此本章节不再对此部分内容做重复介绍。

（四）非承重内隔墙系统的施工

1. 施工前准备

（1）检查、验收主体墙面是否符合安装要求。

（2）检查产品编号、要求与图纸是否相符，核对预安装产品与已分配场地是否相符。

（3）检查防潮、防护、防腐处理是否达到要求。

（4）核对发货清单（饰面部件清单、配件清单）与到货数量是否正确，是否有质量问题，并填写检查表。

2. 施工操作步骤

操作步骤：熟悉图纸、测量现场尺寸与设计→放线→安装锚固件→按顺序安装隔墙板→安装L、U、T形改向配板→安装收口板→检查、验收、成品保护。

室内饰面隔墙板安装的允许偏差及检验方法见表4-7。

室内饰面隔墙板安装的允许偏差及检验方法 表4-7

| 类别 | 序号 | 项目 | 质量要求及允许偏差（mm） | | 检验方法 | 检验数量 |
|---|---|---|---|---|---|---|
| 主控项目 | 1 | 墙板间距及构造连接、填充材料设置 | 隔墙板间距及构造连接方法应符合设计要求。墙板内设备管线的安装、门窗洞口等部位应安装牢固、位置正确，填充材料的设置应符合设计要求 | | 检查隐蔽工程验收记录 | 全数检查 |
| | 2 | 整体感观 | 隔墙饰面应平整光滑、色泽一致，纹理相应，洁净、无裂缝，接缝应均匀、顺直 | | 观察；手摸检查 | 全数检查 |
| | 3 | 墙面板安装 | 墙面板安装应牢固，无脱层、翘曲、折裂及缺损 | | 观察；手摸检查 | 全数检查 |
| 一般项目 | 4 | 立面垂直度 | 3 | 4 | 用2m垂直检测尺检查 | 每面进行测量且不少于1点 |
| | 5 | 表面平整度 | 3 | 3 | 用2m靠尺和塞尺检查 | 横竖方向进行测量且不少于1点 |
| | 6 | 阴阳角方正 | 3 | 3 | 用直角检查尺检查 | |
| | 7 | 接缝高低差 | 1 | 1 | 用钢直尺和塞尺检查 | |
| | 8 | 接缝直线度 | | 3 | 拉5m线，不足5m拉通线用钢直尺检查 | |
| | 9 | 压条直线度 | | 3 | 拉5m线，不足5m拉通线用钢直尺检查 | |

（五）集成式卫生间的设计与施工

随着人们生活质量的不断提高，人们对住宅卫生间的品质要求也越来越高。传统湿作业卫生间因渗水、漏水等问题已经越来越满足不了人们对生活质量的要求。集成式卫生间解决了传统湿作业卫生间的渗水、漏水问题，同时也减少了卫生间二次装修带来的建筑垃圾污染。

1. 集成式卫生间的概念

集成式卫生间，就是采用标准化设计、工业化方式生产的一体化防水底盘、墙板及天花板构成的卫生间整体框架，并安装有卫浴洁具、浴室家具、浴屏、浴缸等功能洁具，可以在有限空间内实现洗漱、沐浴、梳妆、如厕等多种功能的独立卫生单元，见图4-30、图4-31。

集成式卫生间是在工厂内流水线分块生产墙板、底盘、天花板，然后运至施工现场组装而成。整体卫浴是一类技术成熟可靠、品质稳定优良并与国家建筑产业化生产方式、国家绿色节能环保施工相适应的产业化部品。建设工程采用整体卫浴，减少了现场作业量，提高了施工工艺水平，不仅省时省力，还可以降低传统能耗，减少建筑垃圾，科学有效利用资源，创造舒适、和谐的居住环境，具有显著的经济效益和节能环保效益。

图4-30　整体卫浴图

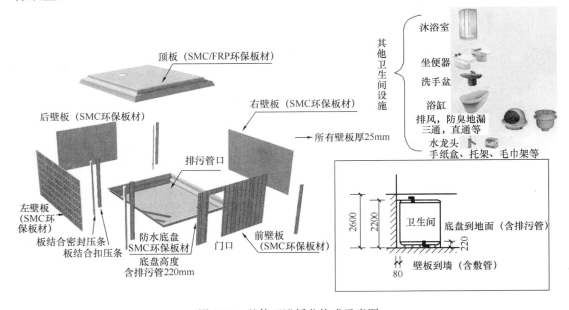

图4-31　整体卫浴拆分构成示意图

2. 集成式卫生间施工工艺流程（见图4-32）
3. 施工过程技术控制要点
（1）防水底盘加强筋安装

按照整体卫浴说明书进行防水底盘加强筋的布置，加强筋布置时应考虑底盘的排水方向，同时应根据图纸设计要求在防水底盘上安装地漏等附件。

（2）防水底盘安装

防水底盘安装应该遵循"先大后小"的原则，根据卫生间空间尺寸先安装大底盘，再安装小底盘，并应对底盘表面加设保护垫，防止施工中损坏污染防水底盘。然后用水平仪测量，确保防水底盘四周挡水边上的墙板安装面水平，并保证底盘坡向正确、坡度符合排水设计要求。

（3）墙板拼接

1）根据墙板编号结合卫生间的尺寸及门洞尺寸，拼接墙板，拼接完成后应检查拼缝大小是否均匀一致，确保相邻两板表面平整一致、拼接缝细小均匀。墙板拼接应首先拼接阴阳角部分的墙板，并安装阴阳角连接片，确保两块墙板拼接牢固，然后拼接其他部分的墙面，并按要求布置安装墙面加强筋及加强筋连接片。

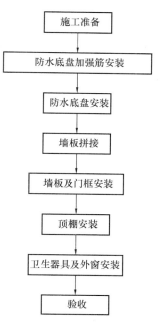

图4-32 集成式卫生间施工工艺流程图

2）复核卫生间墙面卫生器具安装位置，对墙面进行开孔，确保附件开孔安装位置水平垂直，位置准确无误。然后在墙体前后安装阀门、管线、插座等零部件。

（4）墙板及门框安装

1）将拼装好的墙板依次按空间位置摆放在与防水底盘对应的墙板安装面上，并用连接件将墙板与底盘固定牢固。

2）将靠门角的专用条形墙板安装固定在门结构墙面上，然后将门框与门洞四周的墙板连接固定牢固。

3）通过墙面检修孔进行浴室给水系统波纹管与用户给水接头的连接以及其他用水卫生器具的水嘴管线连接，并做水压试验，确保管线连接无渗漏。

（5）顶棚安装

先复核卫生间顶棚灯具、排风扇等附件的安装位置，对顶棚进行开孔并安装风管、灯具等零部件，然后将安装完零部件的顶棚与墙板连接，并进行电气管线的连接及电气试运行，确保线路连接通畅无阻、运行正常。

（6）卫生器具及外窗安装

在卫生间墙板上根据图纸设计要求，按照整体卫浴安装说明书，依次安装洗面台、坐便器、浴缸、淋浴室、毛巾架、梳妆镜等器具，最后进行卫生间外窗的安装。

4. 施工质量控制要点

（1）整体卫浴应能通风换气，无外窗的卫浴间应有防回流构造的排气通风道，并预留安装排气机械的位置和条件，且应安装有在应急时可从外面开启的门。

（2）浴缸、坐便器及洗面器应排水通畅、不渗漏，产品应自带存水弯或配有专用存水弯，水封深度至少为50mm。卫浴间应便于清洗，清洗后地面不积水。

排水管道布置宜采用同层排水方式，排水工程施工完毕应进行隐蔽工程验收。

（3）底部支撑尺寸$h$不大于200mm，见图4-33。安装管道的卫浴间外壁面与住宅相邻墙面之间的净距离$a$由设计确定。

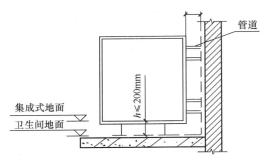

图4-33　卫浴间与地面、墙面关系示意图

# 第五章 施 工 组 织 管 理

装配整体式混凝土结构施工组织管理包括项目施工进度管理，预制工厂平面布置、施工现场平面布置、施工现场临时道路布置、施工现场构件堆场布置管理，劳动力组织管理，机械设备管理和质量验收与保修组织管理。

## 第一节 项目施工进度管理

工程建设项目的进度控制是指在既定的工期内，对工程项目各建设阶段的工作内容、工作程序、持续时间和逻辑关系编制最优的施工进度计划，将该计划付诸实施。

进度控制的最终目标是确保进度目标的实现，或者在保证施工质量和不因此而增加施工实际成本的前提下，适当缩短施工工期。

### 一、施工进度控制方法

进度计划是将项目所涉及的各项工作、工序进行分解后，按照工作开展顺序、开始时间、持续时间、完成时间及相互之间的衔接关系编制的作业计划。通过进度计划的编制，使项目实施形成一个有机的整体。同时，进度计划也是进度控制管理的依据。

工程项目组织实施的管理形式分为3种：依次施工、平行施工、流水施工。

依次施工又叫顺序施工，是将拟建工程划分为若干个施工过程，每个施工过程按施工工艺流程顺次进行施工。前一个施工过程完成之后，后一个施工过程才开始施工。

平行施工通常在拟建工程工期十分紧迫时采用。在工作面、资源供应允许的前提下，组织多个相同的施工队，在同一时间、不同的施工段上同时组织施工。

流水施工是将拟建工程划分为若干个施工段，并将施工对象分解成若干个施工过程，按照施工过程成立相应的工作队，各工作队按施工过程顺序依次完成施工段内的施工过程，依次从一个施工段转到下一个施工段，使相应专业工作队间实现最大限度地搭接施工。

受生产线性能的影响，构件生产一般为依次预制。在具有多条同性能生产线时，可以平行预制生产。在装配施工现场，每栋建筑之间一般采用平行施工，一栋建筑采用依次施工。

### 二、施工进度计划编制

（一）施工进度计划的分类

施工进度计划按编制对象的不同可分为：建设项目施工总进度计划、单位工程进度计划、分阶段工程（或专项工程）进度计划、分部分项工程进度计划4种。

建设项目施工总进度计划：施工总进度计划是以一个建设项目或一个建筑群体为编制对象，用以指导整个建设项目或建筑群体施工全过程进度控制的指导性文件。它按照总体施工部署确定了每个单项工程、单位工程在整个项目施工组织中所处的地位，也是安排各类资源计划的主要依据和控制性文件。由于施工内容多，施工工期长，故其主要体现综合性、控制性。建设项目施工总进度计划一般在总承包企业的总工程师领导下进行编制。

单位工程进度计划：是以一个单位工程为编制对象，在项目总进度计划控制目标的原则下，用以指导单位工程施工全过程进度控制的指导性文件。由于它所包含的施工内容具体明确，故其作业性强，是控制进度的直接依据。单位工程开工前，由项目经理组织，在项目技术负责人领导下进行编制。

分阶段工程（或专项工程）进度计划是以工程阶段目标（或专项工程）为编制对象，用以指导其施工阶段（或专项工程）实施过程的进度控制文件。分部分项工程进度计划是以分部分项工程为编制对象，用以具体实施操作其施工过程进度控制的专业性文件。分阶段、分部分项进度计划是专业工程具体安排控制的体现，通常由专业工程师或负责分部分项的工长进行编制。

（二）合理施工程序和顺序安排的原则

施工进度计划是施工现场各项施工活动在时间、空间上先后顺序的体现。合理编制施工进度计划就必须遵循施工技术程序的规律，根据施工方案和工程开展程序去组织施工，才能保证各项施工活动的紧密衔接和相互促进，充分利用资源，确保工程质量，加快施工速度，达到最佳工期目标。同时，还能降低建筑工程成本，充分发挥投资效益。

施工程序和施工顺序随着施工规模、性质、设计要求及装配整体式混凝土结构施工条件和使用功能的不同而变化，但仍有可供遵循的共同规律，在装配整体式混凝土结构施工进度计划编制过程中，应充分考虑与传统混凝土结构施工的不同点，以便于组织施工。

（1）需多专业协调的图纸深化设计。

（2）需事先编制构件生产、运输、吊装方案，事先确定塔式起重机选型。

（3）需考虑现场堆放预制构件平面布置。

图 5-1 为装配整体式混凝土结构施工进度计划示例。

| | 序号 | 工序名称 | 1 | 2 | 3 | 4 | 5 | 6 | 7 | 8 | 9 | 10 |
|---|---|---|---|---|---|---|---|---|---|---|---|---|
| 单层 | 1 | 墙下坐浆 | — | | | | | | | | | |
| | 2 | 预制墙体吊装 | — | — | — | — | | | | | | |
| | 3 | 墙体注浆 | | | | | — | — | | | | |
| | 4 | 竖向构件钢筋绑扎 | | | | | — | — | | | | |
| | 5 | 支设竖向构件模板 | | | | | | — | — | | | |
| | 6 | 吊装叠合梁 | | | | | | | — | — | | |
| | 7 | 吊装叠合楼板 | | | | | | | — | — | | |
| | 8 | 绑扎叠合板楼面钢筋 | | | | | | | | — | — | |
| | 9 | 电气配管预埋预留 | | | | | | | | — | — | |
| | 10 | 浇筑竖向构件及叠合楼板混凝土 | | | | | | | | | — | |
| | 11 | 吊装楼梯 | | | | | | | | | | — |

图 5-1 单层装配整体式混凝土结构施工进度计划横道图

（4）由于钢筋套筒灌浆作业受温度影响较大，宜避免冬期施工。

（5）预制构件装配过程中，应单层分段分区域组装。

（6）既要考虑施工组织的空间顺序，又要考虑构件装配的先后顺序。在满足施工工艺要求的条件下，尽可能地利用工作面，使相邻两个工种在时间上合理地和最大限度地搭接起来。

(7) 穿插施工，吊装流水作业。相比传统建筑施工，装配整体式混凝土结构施工过程中对吊装作业的要求大大提高，塔式起重机吊装次数成倍增长。施工现场塔式起重机设备的吊装运转能力将直接影响到项目的施工效率和工程建设工期。

### 三、施工进度优化控制

在装配整体式混凝土结构实施过程中，必须对进展过程实施动态监测。要随时监控项目的进展，收集实际进度数据，并与进度计划进行对比分析。出现偏差，要找出原因及对工期的影响程度，并相应采取有效的措施做必要调整，使项目按预定的进度目标进行。

项目进度控制的目标就是确保项目按既定工期目标实现，或在实现项目目标的前提下适当缩短工期。

（一）施工进度控制程序

施工进度控制是各项目标实现的重要工作，其任务是实现项目的工期或进度目标。主要分为进度的事前控制、事中控制和事后控制。

（二）进度计划的实施与监测

施工进度控制的总目标应进行层层分解，形成实施进度控制、相互制约的目标体系。目标分解，可按单项工程分解为阶段目标；按专业或施工阶段分解为阶段目标；按年、季、月计划分解为阶段分目标。

施工进度计划实施监测的方法有：横道计划比较法、网络计划法、实际进度前锋线法等。

施工进度计划监测的内容：

(1) 随着项目进展，不断观测每一项工作的实际开始时间、实际完成时间、实际持续时间、目前现状等内容，并加以记录。(2) 定期观测关键工作的进度和关键线路的变化情况，并采取相应措施进行调整。(3) 观测检查非关键工作的进度，以便更好的发掘潜力，调整或优化资源，以保证关键工作按计划实施。(4) 定期检查工作之间的逻辑关系变化情况，以便适时进行调整。(5) 有关项目范围、进度目标、保障措施变更的信息等，加以记录。项目进度计划监测后，应形成书面进度报告。

（三）进度计划的调整

施工进度计划的调整依据进度计划检查结果进行。调整的内容包括：施工内容、工程量、起止时间、持续时间、工作关系、资源供应等，调整施工进度计划采用的原理、方法与施工进度计划的优化相同。

调整施工进度计划的步骤如下：分析进度计划检查结果；分析进度偏差的影响并确定调整的对象和目标；选择适当的调整方法，编制调整方案；对调整方案进行评价和决策、调整，确定调整后付诸实施的新施工进度计划。

## 第二节  施 工 现 场 管 理

### 一、施工现场平面布置管理

施工现场平面布置图是在拟建工程的建筑平面上（包括周围环境），布置为施工服务的各种临时建筑、临时设施及材料、施工机械、预制构件等。它反映已有建筑与拟建工程之间、临时建筑与临时设施之间的相互空间关系。布置得恰当与否，执行的好坏，对施工组织、文明施工、施工进度、工程成本、工程质量和安全都将产生直接的影响。根据不同施工阶段（期），施工现场总平面布置图分为基础工程施工总平面图、装配式结构工程施工阶段总平面图、装饰装修阶段施工总平面布置图。

本节将针对装配整体式混凝土结构施工，重点介绍装配整体式结构施工阶段现场总平面图的设计与管理。

（一）施工总平面图的设计内容

（1）装配整体式混凝土结构项目施工用地范围内的地形状况；（2）全部拟建建（构）筑物和其他基础设施的位置；（3）项目施工用地范围内的构件堆放区、运输构件车辆装卸点、运输设施；（4）供电、供水、供热设施与线路，排水排污设施、临时施工道路；（5）办公用房和生活用房；（6）施工现场机械设备布置图；（7）现场常规的建筑材料及周转工具；（8）现场加工区域；（9）必备的安全、消防、保卫和环保设施；（10）相邻的地上、地下既有建（构）筑物及相关环境。

（二）施工总平面图设计原则

（1）平面布置科学合理，减少施工场地占用面积；（2）合理规划预制构件堆放区域，减少二次搬运；构件堆放区域单独隔离设置，禁止无关人员进入；（3）施工区域的划分和场地的临时占用应符合总体施工部署施工流程的要求，减少相互干扰；（4）充分利用既有建（构）筑物和既有设施为项目施工服务，降低临时设施的建造费用；（5）临时设施应方便生产和生活，办公区、生活区、生产区宜分离设置；（6）符合节能、环保、安全和消防等要求；（7）遵守当地主管部门和建设单位关于施工现场安全文明施工的相关规定。

（三）施工总平面图设计要点

1. 设置大门，引入场外道路

施工现场宜考虑设置两个以上大门。大门应考虑周边路网情况、道路转弯半径和坡度限制，大门的高度和宽度应满足大型运输构件车辆通行要求。

2. 布置大型机械设备

塔式起重机布置时，应充分考虑其塔臂覆盖范围、塔式起重机端部吊装能力、单体预制构件的质量、预制构件的运输、堆放和构件装配施工。

3. 布置构件堆场

构件堆场应满足施工流水段的装配要求，且应满足大型运输构件车辆、汽车起重机的通行、装卸要求。为保证现场施工安全，构件堆场应设围挡，防止无关人员进入。

4. 布置运输构件车辆装卸点

为防止因运输车辆长时间停留影响现场内道路的畅通，阻碍现场其他工序的正常作业施工。装卸点应在塔式起重机或者起重设备的塔臂覆盖范围之内，且不宜设置在道路上。

图 5-2 为某工程施工现场装卸点平面布置图。

5. 合理布置临时加工场区

6. 布置内部临时运输道路

施工现场道路应按照永久道路和临时道路相结合的原则布置。施工现场内宜形成环形道路，减少道路占用土地。施工现场的主要道路必须进行硬化处理，主干道应有排水措施。临时道路要把仓库、加工厂、构件堆场和施工点贯穿起来，按货运量大小设计双行干道或单行循环道满足运输和消防要求，主干道宽度不小于 6m。构件堆场端头处应有 12m×12m 车场，消防车道宽度不小于 4m，构件运输车辆转弯半径不宜小于 15m。

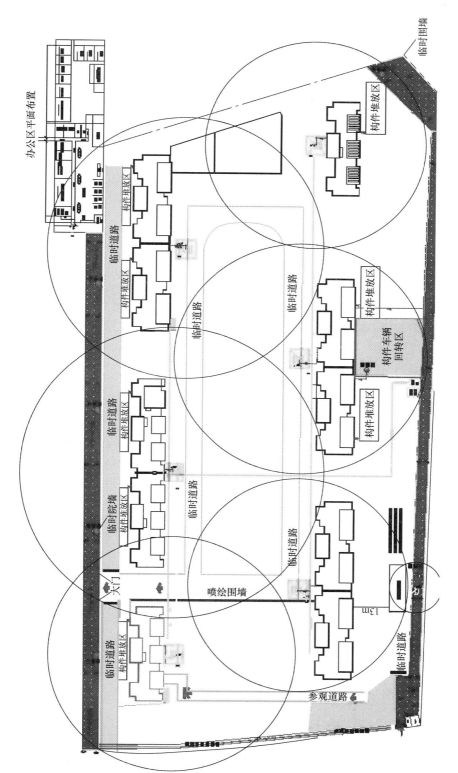

图 5-2 某工程施工现场装倒点平面布置图

7. 布置临时房屋

(1) 充分利用已建的永久性房屋，临时房屋用可装拆重复利用的活动房屋。生活办公区和施工区要相对独立，宿舍室内净高不得小于 2.4m，通道宽度不得小于 0.9m，每间宿舍居住人员不得超过 16 人。(2) 办公用房宜设在工地入口处，食堂宜布置在生活区。

8. 布置临时水电管管网和其他动力设施

临时总变电站应设在高压线进入工地处，尽量避免高压线穿过工地。临时水池、水塔应设在用水中心和地势较高处。管网一般沿道路布置，供电线路应避免与其他管道设在同一侧。

施工总平面图按正式绘图规则、比例、规定代号和规定线条绘制，把设计的各类内容均标绘在图上，标明图名、图例、比例、方向标记、必要的文字说明。

(四) 施工平面图现场管理要点

1. 总体要求

文明施工、安全有序、整洁卫生、不扰民、不损害公众利益。

2. 出入口管理

现场大门应设置警卫岗亭，安排警卫人员 24h 值班，查人员出入证、材料、构件运输单、安全管理等。施工现场出入口应标有企业名称或企业标识，主要出入口明显处应设置工程概况牌，大门内应有施工现场总平面图和安全生产、消防保卫、环境保护、文明施工等制度牌。

3. 规范场容

(1) 施工平面图设计的科学合理化、物料堆放与机械设备定位标准化，保证施工现场场容规范化。(2) 构件堆放区域应设置隔离围挡，防止吊运作业时无关人员进入。(3) 在施工现场周边按规范要求设置临时维护设施。(4) 现场内沿路设置畅通的排水系统。(5) 现场道路主要场地做硬化处理。(6) 设专人清扫办公区和生活区，并对施工作业区和临时道路洒水和清扫。(7) 建筑物内施工垃圾的清运，必须采用相应容器或管道运输，严禁凌空抛掷。

4. 环境保护

施工对环境造成的影响有：大气污染、室内空气污染、水污染、土壤污染、噪声污染、光污染、垃圾污染等。对此应按有关环境保护的法规和相关规定进行防治。

5. 卫生防疫管理

(1) 加强对工地食堂、炊事人员和炊具的管理。食堂必须有卫生许可证，炊事人员必须持身体健康证上岗。确保卫生防疫，杜绝传染病和食物中毒事故的发生。(2) 根据需要制定和执行防暑、降温、消毒、防病措施。

## 二、施工现场构件堆场布置

装配整体式混凝土结构施工，构件堆场在施工现场占有较大的面积。合理有序地对预制构件进行分类布置管理，可以减少施工现场的占用，促进构件装配作业，提高工程进度。

构件存放场地宜为混凝土硬化地面或经人工处理的自然地坪，应满足平整度、地基承载力、龙门吊安全行驶坡度的要求，避免发生由于场地原因造成构件开裂损坏、龙门吊的溜滑事故。存放场地应设置在吊车的有效起重范围内，且场地应有排水措施。

（一）构件堆场的布置原则

(1) 构件堆场宜环绕或沿所建构筑物纵向布置，其纵向宜与通行道路平行布置，构件布置宜遵循"先用靠外，后用靠里，分类依次并列放置"的原则。

(2) 预制构件应按规格型号、出厂日期、使用部位、吊装顺序分类存放，且应标识清晰。

(3) 不同类型构件之间应留有不少于 0.7m 的人行通道，预制构件装卸、吊装工作范围内不应有障碍物，并应有满足预制构件吊装、运输、作业、周转等工作的场地。

(4) 预制混凝土构件与刚性搁置点之间应设置柔性垫片，防止损伤成品构件；为便于后期吊运作业，预埋吊环宜向上，标识向外。

(5) 对于易损伤、污染的预制构件，应采取合理的防潮、防雨、防边角损伤措施。构件与构件之间应采用垫木支撑，保证构件之间留有不小于 200mm 的间隙，垫木应对称合理放置且表面应覆盖塑料薄膜。外墙门框、窗框和带外装饰材料的构件表面宜采用塑料贴膜或者其他防护措施；钢筋连接套管和预埋螺栓孔应采取封堵措施。

（二）混凝土预制构件堆放

1. 预制墙板

预制墙板根据受力特点和构件特点，宜采用专用支架对称插放或靠放存放，支架应有足够的刚度，并支垫稳固。预制墙板宜对称靠放、饰面朝外，与地面之间的倾斜角不宜小于 80°，构件与刚性搁置点之间应设置柔性垫片，防止损伤成品构件，见图 5-3。

图 5-3 预制墙板存放图

2. 预制板类构件

预制板类构件可采用叠放方式存放，其叠放高度应按构件强度、地面耐压力、垫木强度以及垛堆的稳定性来确定，构件层与层之间应垫平、垫实，各层支垫应上下对齐，最下面一层支垫应通长设置，楼板、阳台板预制构件储存宜平放，采用专用存放架支撑，叠放储存不宜超过6层,见图5-4。预应力混凝土叠合板的预制带肋底板应采用板肋朝上叠放的堆放方式,严禁倒置,各层预制带肋底板下部应设置垫木,垫木应上下对齐,不得脱空,堆放层数不应大于7层,并应有稳固措施。吊环向上,标识向外。

图 5-4　预制板类构件存放图

### 3. 梁、柱构件

梁、柱等构件宜水平堆放,预埋吊装孔的表面朝上,且采用不少于两条垫木支撑,构件底层支垫高度不低于100mm,且应采取有效的防护措施,见图5-5。

图 5-5　梁、柱构件存放图

## 第三节　劳动力组织管理

### 一、劳动力组织管理概念

施工项目劳动力组织管理是项目经理部把参加施工项目生产活动的人员作为生产要素,对其所进行的劳动、劳动计划、组织、控制、协调、教育、激励等项工作的总称。其核心是按照施工项目的特点和目标要求,合理地组织、高效率地使用和管理劳动力,并按项目进度的需要不断调整劳动量、劳动力组织及劳动协作关系。不断培养提高劳动者素质,激发劳动者的积极性与创造性,提高劳动生产率,达到以最小的劳动消耗,全面完成工程合同,获取更大的经济效益和社会效益。

### 二、构件堆放专职人员组织管理

施工现场应设置构件堆放专职人员负责对施工现场进场构件的堆放、储运管理工作。构件堆放专职人员应建立现场构件堆放台账，进行构件收、发、储、运等环节的管理，对预制构件进行分类有序堆放。同类预制构件应采取编码使用管理，防止装配过程出现错装问题。

为保障装配建筑施工工作的顺利开展，确保构件使用及安装的准确性，防止构件装配出现错装、误装或难以区分构件等问题，不宜随意更换构件堆放专职人员。

### 三、吊装作业劳动力组织管理

装配整体式混凝土结构在构件施工中，需要进行大量的吊装作业，吊装作业的效率将直接影响到工程施工

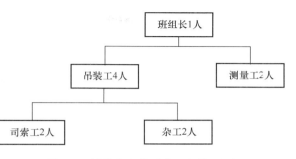

图 5-6 吊装作业劳动力组织管理图

的进度，吊装作业的安全将直接影响到施工现场的安全文明管理。吊装作业班组一般由班组长、吊装工、测量放线工、司索工等组成。通常一个吊装作业班组的组成，见图 5-6。

### 四、灌浆作业劳动力组织管理

灌浆作业施工由若干班组组成，每组应不少于两人，一人负责注浆作业，一人负责调浆及灌浆溢流孔封堵工作。

### 五、劳动力组织技能培训

（1）吊装工序施工作业前，应对工人进行专门的吊装作业安全意识培训。构件安装前应对工人进行构件安装专项技术交底，确保构件安装质量一次到位。

（2）灌浆作业施工前，应对工人进行专门的灌浆作业技能培训，模拟现场灌浆施工作业流程，提高注浆工人的质量意识和业务技能，确保构件灌浆作业的施工质量。

## 第四节　材料、预制构件组织管理

### 一、材料、预制构件管理内容和要求

施工材料、预制构件管理是为顺利完成项目施工任务，从施工准备到项目竣工交付为止，所进行的施工材料和构件计划、采购运输、库存保管、使用、回收等所有的相关管理工作。

（1）根据现场施工所需的数量、构件型号，提前通知供货厂家按照提供的构件生产和进场计划组织好运输车辆，有序地运送到现场。

（2）装配整体式结构采用的灌浆料、套筒等材料的规格、品种、型号和质量必须满足设计和有关规范、标准的要求，坐浆料和灌浆料应提前进场取样送检，避免影响后续施工。

（3）预制构件的尺寸、外观、钢筋等，必须满足设计和有关规范、标准的要求。

（4）外墙装饰类构件、材料应符合现行国家规范和设计的要求，同时应符合经业主批准的材料样板的要求，并应根据材料的特性、使用部位来进行选择。

（5）建立管理台账，进行材料收、发、储、运等环节的技术管理，对预制构件进行分类有序堆放。此外同类预制构件应采取编码使用管理，防止装配过程中出现位置错装问题。

### 二、材料、预制构件运输控制

应采用预制构件专用运输车或对常规运输车进行改装，降低车辆装载重心高度并设置运输稳定专用固定支架后，运输构件。

预制叠合板、预制阳台和预制楼梯宜采用平放运输,预制外墙板宜采用专用支架竖直靠放运输。预制外墙板养护完毕即安置于运输靠放架上,每一个运输架上对称放置两块预制外墙板。运输薄壁构件,应设专用固定架,采用竖立或微倾放置方式。为确保构件表面或装饰面不被损伤,放置时插筋向内、装饰面向外,与地面之间的倾斜角度宜大于80°,以防倾覆。为防止运输过程中,车辆颠簸对构件造成损伤,构件与刚性支架应加设橡胶垫等柔性材料,且应采取防止构件移动、倾倒、变形等的固定措施。此外构件运输堆放时还应满足下列要求:

(1) 构件运输时的支承点应与吊点在同一竖直线上,支承必须牢固。

(2) 运载超高构件时应配电工跟车,随带工具保护途中架空线路,保证运输安全。

(3) 运输T梁、工梁、桁架梁等易倾覆的大型构件时,必须用斜撑牢固地支撑在梁腹上。

(4) 构件装车后应用紧线器紧固于车体上,长距离运输途中应检查紧线器的牢固状况,发现松动必须停车紧固,确认牢固后方可继续运行。

(5) 搬运托架、车厢板和预制混凝土构件间应放入柔性材料,构件应用钢丝绳或夹具与托架绑扎,构件边角与锁链接触部位的混凝土应采用柔性垫衬材料保护。

材料、预制构件的运输见图 5-7。

图 5-7 材料、预制构件的运输

### 三、大型预制构件运输方案

运输工作开始之前,要做好充分准备。设计全面的吊装运输方案,明确运输车辆,合理设计并制作运输架等装运工具,并且要仔细清点构件,确保构件质量良好并且数量齐全。当运输超高、超宽、超长构件时,必须向有关部门申报,经批准后,在指定路线上行驶。牵引车上应悬挂安全标志,超高的部件应有专人照看,并配备适当保护器具,保证在有障碍物的情况下安全通过。大型构件在实际运输之前应踏勘运输路线,确认运输道路的承载力(含桥梁和地下设施)、宽度、转弯半径和穿越桥梁、隧道的净空与架空线路的净高满足运输要求,确认运输机械与电力架空线路的最小距离符合要求,必要时可以进行试运。

必须选择平坦坚实的运输道路,必要时"先修路、再运送"。

## 第五节 机械设备管理

机械设备管理就是对机械设备全过程的管理,即从选购机械设备开始,经过投入使用、磨损、补偿，直至报废退出生产领域为止的全过程的管理。

**一、机械设备选型**

（一）机械设备选型依据

（1）工程的特点：根据工程平面分布、长度、高度、宽度、结构形式等确定设备选型。

（2）工程量：充分考虑建设工程需要加工运输的工程量大小，决定选用的设备型号。

（3）施工项目的施工条件：现场道路条件、周边环境条件、现场平面布置条件等。

（二）机械设备选型原则

（1）适应性：施工机械与建设项目的实际情况相适应，即施工机械要适应建设项目的施工条件和作业内容。施工机械的工作容量、生产效率等要与工程进度及工程量相符合，避免因施工机械设备的作业能力不足而延误工期，或因作业能力过大而使机械设备的利用率降低。

（2）高效性：通过对机械功率、技术参数的分析研究，在与项目条件相适应的前提下，尽量选用生产效率高的机械设备。

（3）稳定性：选用性能优越稳定、安全可靠、操作简单方便的机械设备。避免因设备经常不能运转而影响工程项目的正常施工。

（4）经济性：在选择工程施工机械时，必须权衡工程量与机械费用的关系。尽可能选用低能耗、易保养维修的施工机械设备。

（5）安全性：选用的施工机械的各种安全防护装置要齐全、灵敏可靠。此外，在保证施工人员、设备安全的同时，应注意保护自然环境及已有的建筑设施，不致因所采用的施工机械设备及其作业而受到破坏。

（三）施工机械需用量的计算

施工机械需用量根据工程量、计划期内的台班数量、机械的生产率和利用率按公式（5-1）计算确定。

$$N = P / (W \times Q \times K_1 \times K_2) \tag{5-1}$$

式中　$N$——需用机械数量；

　　　$P$——计划期内的工作量；

　　　$W$——计划期内的台班数量；

　　　$Q$——机械每台班生产率（即单位时间机械完成的工作量）；

　　　$K_1$——工作条件影响系数（因现场条件限制造成的）；

　　　$K_2$——机械生产时间利用系数（指考虑了施工组织和生产实际损失等因素对机械生产效率的影响系数）。

（四）吊运设备的选型

装配整体式混凝土结构，一般情况下采用的预制构件体型重大，人工很难对其加以吊运安装作业，通常情况下我们需要采用大型机械吊运设备完成构件的吊运安装工作。吊运设备分为移动式汽车起重机和塔式起重机，见图5-8。在实际施工过程中应合理地使用两种吊装设备，使其优缺点互补，以便于更好地完成各类构件的装卸运输吊运安装工作，取得最佳的经济效益。

1. 移动式汽车起重机选择

在装配整体式混凝土结构施工中，对于吊运设备的选择，通常会根据设备造价、合同

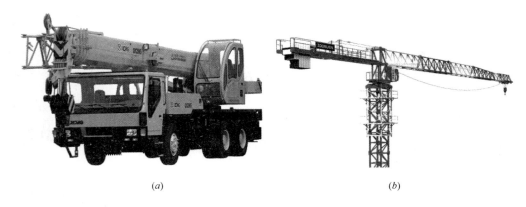

图 5-8 吊运设备
(a) 移动式汽车起重机；(b) 塔式起重机

周期、施工现场环境、建筑高度、构件吊运质量等因素综合考虑确定。一般情况下，在低层、多层装配整体式混凝土结构施工中，预制构件的吊运安装作业通常采用移动式汽车起重机，当现场构件需二次倒运时，可采用移动式汽车起重机。

2. 塔式起重机选择

（1）塔式起重机选型首先取决于装配整体式混凝土结构的工程规模，如小型多层装配整体式混凝土结构工程，可选择小型的经济型塔式起重机，高层建筑的塔式起重机选择，宜选择与之相匹配的起重机械，因垂直运输能力直接决定结构施工速度的快慢，要对不同塔式起重机的差价与加快进度的综合经济效果进行比较，要合理选择。

（2）塔式起重机应满足吊次的需求

塔式起重机吊次计算：一般中型塔式起重机的理论吊次为 80～120 次/台班，塔式起重机的吊次应根据所选用塔式起重机的技术说明中提供的理论吊次进行计算。计算时可按所选塔式起重机所负责的区域，每月计划完成的楼层数，统计需要塔式起重机完成的垂直运输的实物量，合理计算出每月实际需用吊次，再计算每月塔式起重机的理论吊次（根据每天安排的台班数）。

当理论吊次大于实际需用吊次时即满足要求，当不满足时，应采取相应措施，如增加每日的施工班次，增加吊装配合人员，塔式起重机尽可能地均衡连续作业，提高塔式起重机利用率。

（3）塔式起重机覆盖面的要求

塔式起重机型号决定了塔式起重机的臂长幅度，布置塔式起重机时，塔臂应覆盖堆场构件，避免出现覆盖盲区，减少预制构件的二次搬运。对含有主楼、裙房的高层建筑，塔臂应全面覆盖主体结构部分和堆场构件存放位置，裙楼力求塔臂全部覆盖。

当出现难以解决的楼边覆盖时，可考虑采用临时租用汽车起重机解决裙房边角垂直运输问题，不能盲目加大塔式起重机型号，应认真进行技术经济比较分析后确定方案。

（4）最大起重能力的要求

在塔式起重机的选型中应结合塔式起重机的尺寸及起重量荷载特点进行确定，见图 5-9。以永茂塔式起重机 STT293A 为例：重点考虑工程施工过程中，最重的预制构件对塔式起重机吊运能力的要求，应根据其存放的位置、吊运的部位、距塔中心的距离，确定

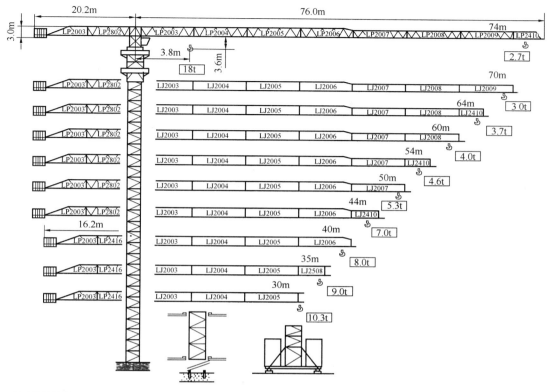

**起重量载荷表** loading capacity

| R | 倍率 Fall | R(max) m | C(max) t | 30 | 35 | 40 | 44 | 50 | 54 | 60 | 64 | 70 | 74 |
|---|---|---|---|---|---|---|---|---|---|---|---|---|---|
| 74 | IV | 14.3 | 18.00 | 7.02 | 6.23 | 5.05 | 4.48 | 3.80 | 3.43 | 2.98 | 2.72 | 2.39 | 2.20 |
|    | II | 25.9 | 9.00  | 7.66 | 6.73 | 5.55 | 4.98 | 4.30 | 3.94 | 3.48 | 3.22 | 2.89 | 2.70 |
| 70 | IV | 14.6 | 18.00 | 7.42 | 6.41 | 5.25 | 4.66 | 3.96 | 3.58 | 3.11 | 2.84 | 2.50 | |
|    | II | 26.7 | 9.00  | 7.92 | 6.91 | 5.75 | 5.16 | 4.46 | 4.08 | 3.61 | 3.34 | 3.00 | |
| 64 | IV | 15.7 | 18.00 | 8.30 | 7.03 | 5.83 | 5.19 | 4.42 | 4.01 | 3.49 | 3.20 | | |
|    | II | 29.1 | 9.00  | 8.80 | 7.53 | 6.33 | 5.69 | 4.92 | 4.51 | 3.99 | 3.70 | | |
| 60 | IV | 15.7 | 18.00 | 8.30 | 7.00 | 5.84 | 5.20 | 4.43 | 4.02 | 3.50 | | | |
|    | II | 29.1 | 9.00  | 8.80 | 7.51 | 6.34 | 5.70 | 4.93 | 4.52 | 4.00 | | | |
| 54 | IV | 15.7 | 18.00 | 8.40 | 7.11 | 5.95 | 5.30 | 4.52 | 4.10 | | | | |
|    | II | 29.6 | 9.00  | 8.90 | 7.57 | 6.45 | 5.80 | 5.02 | 4.60 | | | | |
| 50 | IV | 16.3 | 18.00 | 8.60 | 7.44 | 6.30 | 5.62 | 4.80 | | | | | |
|    | II | 31.0 | 9.00  | 7.94 | 7.94 | 6.80 | 6.12 | 5.30 | | | | | |
| 44 | IV | 18.2 | 18.00 | 10.10 | 8.53 | 7.28 | 6.50 | | | | | | |
|    | II | 35.0 | 9.00  | 9.00  | 9.00 | 7.78 | 7.00 | | | | | | |
| 40 | IV | 18.5 | 18.00 | 10.35 | 8.76 | 7.50 | | | | | | | |
|    | II | 35.9 | 9.00  | 9.00  | 9.00 | 8.00 | | | | | | | |
| 35 | IV | 18.5 | 18.00 | 10.35 | 8.80 | | | | | | | | |
|    | II | 35.9 | 9.00  | 9.00  | 9.00 | | | | | | | | |
| 30 | IV | 18.5 | 18.00 | 10.35 | | | | | | | | | |
|    | II | 35.9 | 9.00  | 9.00  | | | | | | | | | |

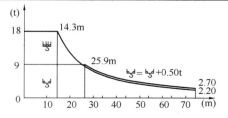

图 5-9 塔式起重机的尺寸及起重量荷载

该塔式起重机是否具备相应起重能力,确定塔式起重机方案时应留有余地。塔式起重机不满足吊重要求时,必须调整塔型使其满足要求。

## 二、机械设备使用管理

在工程项目施工过程中,要合理使用机械设备,严格遵守项目的机械设备施工管理规定。

"三定"制度:主要施工机械在使用中实行定人、定机、定岗位责任的制度。

交接班制度:在采用多班制作业、多人操作机械时,应执行交接班制度。应包含交接工作完成情况、机械设备运转情况、备用料具、机械运行记录等内容。

安全交底制度:严格实行安全交底制度,使操作人员对施工要求、场地环境、气候等安全生产要素有详细的了解,确保机械使用的安全。

技术培训制度:通过进场培训和定期的过程培训,使操作人员做到"四懂三会",即懂机械原理、懂机械构造、懂机械性能、懂机械用途,会操作、会维修、会排除故障。

持证制度:施工机械操作人员必须经过技术考核合格并取得操作证后,方可独立操作该机械,严禁无证操作。

## 三、机械设备的进厂检验

施工项目总承包企业的项目经理部,对进入施工现场的所有机械设备的安装、调试、验收、使用、管理、拆除退场等负有全面管理的责任。因此项目经理部无论是企业自有或者租赁的设备,还是分包单位自有或者租赁的设备,都要进行监督检查。

## 第六节 信息化管理

信息化是以现代通信、网络、数据库技术为基础,把所研究对象各要素汇总至数据库,供特定人群生活、工作、学习、辅助决策等和人类息息相关的各种行为相结合的一种技术,使用该技术后,可以极大地提高各种行为的效率,为推动人类社会进步提供极大的技术支持。

### 一、BIM 与装配整体式混凝土结构施工管理

1975年"BIM之父"——乔治亚理工大学的常克-伊士曼(Chunk Eastman)教授创建了BIM理念。2002年Autodesk公司提出BIM(Building Information Modeling)的概念。

(一) BIM 软件的选择

国外四大软件:欧特克(Autodesk)Revit占国内90%的份额,大量用于建筑、结构和机电专业,主要适用于民用建筑市场。内梅切克(Nemetschek)-图软(Graphisoft)公司的 ArchiCAD 对硬件要求比较低,能够很好地表达建筑设计师的设计意图。Bentley适用于建筑、结构和设备系列,在工厂设计和基础设施领域有优势。达索系统(Dassault Systèmes)是全球高端的机械设计制造软件,在航空、航天、汽车等领域具有垄断地位。

目前广联达研发并拥有建筑 GCL、钢筋 GGJ、机电 GQI 或 MagiCAD(2014年收购)、场地 GSL、全专业 BIM 模型集成的平台——BIM5D 等全过程应用软件。广联达通过 GFC(Glodon Foundation Class)接口,实现了 BIM5D 中 Revit 数据的导入,对接算量软件。鲁班研发了鲁班土建、钢筋、安装、施工、总体等一系列的应用软件。鲁班通过 luban trans-revit 接口,实现鲁班与 Revit 的导入。

目前国内建筑业使用的主流 BIM 核心建模软件是 Autodesk Revit,采用 Autodesk

Navisworks Manage 进行碰撞检测。

（二）BIM 在装配整体式混凝土结构施工与管理中的应用

截至目前，中国建筑科学研究院研发完成了 PKPM 软件的 IFC 接口。北京柏慕进业的柏慕 1.0 标准化应用体系，实现了全专业施工图出图、国标清单工程量、建筑节能计算、设备冷热负荷计算、施工运维信息管理等应用。广联达就国内目前 BIM 技术应用中存在的接口、成本预算管理、5D 管理、网络平台等一系列问题，与清华大学联合进行了 14 个课题的研发。广联达在 BIM 应用中的算量方面亦实现了国标清单工程量的输出。

BIM 在装配整体式混凝土结构施工与管理中的应用主要是施工单位的深化设计、工厂化生产、装配化施工、利用 BIM 平台进行信息化管理。建立各种构件模型，模拟进行组合装配，优化构件连接节点，组合碰撞后进行设计调整。

例如：建立建筑结构与各种管线模型，进行三维模拟布设，发现碰撞点后，进行设计优化，见图 5-10。

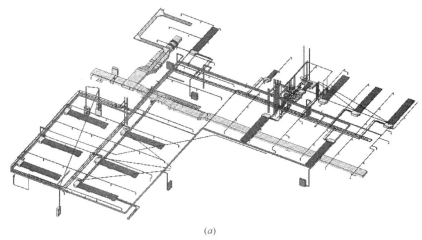

(a)

(b)

图 5-10 某工程的管线布设、碰撞检查

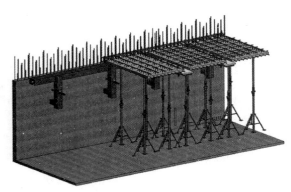

图 5-11 某工程的现浇混凝土板带的施工模拟BIM模拟情况。

在装配工地进行构件堆放地点的选择、塔式起重机的选择和分析、预制构件安装过程模拟、装饰装修部分的BIM应用、质量验收的BIM应用等内容。

例如，在装配整体式混凝土结构施工中，对现浇混凝土的施工，可以采用BIM技术提前对支架、模板、施工安装顺序等进行模拟，提高施工的效率，避免现场施工时的盲目。图5-11是某工程的预制叠合板板间现浇混凝土板带的

## 二、物联网与装配整体式混凝土结构施工与管理

物联网（Internet of Things，IoT）的概念最早由美国麻省理工学院在1999年提出——指的是将各种信息传感设备，如射频识别（RFID）装置、红外感应器、全球定位系统、激光扫描器等种种装置与互联网结合起来而形成的一个巨大网络。其目的是让所有的物品都与网络连接在一起，系统可以自动的、实时的对物体进行识别、定位、追踪、监控并触发相应事件。

（一）物联网的核心技术

1. 无线射频识别（RFID）技术

RFID（Radio Frequency Identification），无线射频识别，是一种非接触式的自动识别技术，它通过射频信号自动识别目标对象并获取相关数据，识别工作无需人工干预，可工作于各种恶劣环境，RFID技术可同时识别多个标签，操作快捷方便。在国内，RFID已经在身份证、电子收费系统和物流管理等领域有了广泛应用。RFID设备见图5-12。

2. 二维码技术

二维条码/二维码（2-dimensional bar code）是用某种特定的几何图形按一定规律在平面（二维方向上）分布的黑白相间的图形，用于记录数据符号信息；在代码编制上巧妙地利用构成计算机内部逻辑基础的"0"、"1"比特流的概念，使用若干个与二进制相对应

图 5-12 无线射频设备

的几何形体来表示文字数值信息，通过图像输入设备或光电扫描设备自动识读以实现信息自动处理。二维条码具有储存量大、保密性高、追踪性高、抗损性强、备援性大、成本便宜等特性，这些特性特别适用于表单、安全保密、追踪、证照、存货盘点、资料备援等方面。

3. 传感器技术

传感器技术同计算机技术与通信技术一起被称为信息技术的三大技术。从仿生学观

点，如果把计算机看成处理和识别信息的"大脑"，把通信系统看成传递信息的"神经系统"的话，那么传感器就是"感觉器官"。微型无线传感技术以及以此组件为基础的传感网是物联网感知层的重要技术手段。

4. GPS 技术

GPS 技术又称为全球定位系统，是具有海、陆、空全方位实时三维导航与定位能力的新一代卫星导航与定位系统。GPS 作为移动感知技术，是物联网延伸到移动物体采集移动物体信息的重要技术，更是物流智能化、智能交通的重要技术。

5. 无线传感器网络（WSN）技术

无线传感器网络（Wireless Sensor Network，简称 WSN）的基本功能是将一系列空间分散的传感器单元通过自组织的无线网络进行连接，从而将各自采集的数据通过无线网络进行传输汇总，以实现对空间分散范围内的物理或环境状况的协作监控，并根据这些信息进行相应的分析和处理。

（二）装配整体式混凝土结构物联网系统

该系统是以单个部品（构件）为基本管理单元，以无线射频芯片（RFID及二维码）为跟踪手段，以工厂部品生产、现场装配为核心，以工厂的原材料检验、生产过程检验、出入库、部品运输、部品安装、工序监理验收为信息输入点，以单项工程为信息汇总单元的物联网系统，见图 5-13。

图 5-13　芯片绑定

物联网的功能特点：

（1）部品钢筋网绑定拥有唯一编号的无线射频芯片（RFID及二维码），做到单品管理；每个部品（构件）上嵌入的 RFID 芯片和粘贴的二维码相当于给部品（构件）配上了"身份证"，可以通过该身份证对部品的来龙去脉了解的一清二楚，可以实现信息流与实物流的快速无缝对接。

（2）系统是集行业门户、企业认证、工厂生产、运输安装、竣工验收、大数据分析、工程监理等为一体的物联网系统，见图 5-14。

（三）物联网在装配整体式混凝土结构施工与管理中的应用

物联网可以贯穿装配整体式混凝土结构施工与管理的全过程，实际上从深化设计开始就已经将每个构件唯一的"身份证"——ID 识别码编制出来，为预制构件生产、运输、存放、装配、施工包括现浇构件施工等一系列环节的实施提供关键技术基础，保证各类信息跨阶段无损传递、高效使用，实现精细化管理，实现可追溯性。

图 5-14 物联网的功能

1. 预制构件生产

（1）预制构件 RFID 编码体系的设计

在构件的生产制造阶段，需要对构件置入 RFID 标签，标签内包含有构件单元的各种信息，以便于在运输、存储、施工吊装过程中对构件进行管理。由于装配整体式混凝土结构所需构件数量巨大，要想准确识别每一个构件，就必须给每个构件赋予唯一的编码。所建立的编码体系不仅能唯一识别单一构件，而且能从编码中直接读取构件的位置信息。因而施工人员不仅能自动采集施工进度信息，还能根据 RFID 编码直接得出预制构件的位置信息，确保每一个构件安装位置的正确。

（2）RFID 标签的编码原则

1）唯一性

所谓唯一性是指在某一具体建筑模型中，每一个实体与其标识代码一一对应，即一个实体只有一个代码，一个代码只标识一个实体。实体标识代码一旦确定，不会改变。在整个建筑实体模型中，各个实体间的差异，是靠不同的代码识别的。假如把两种不同实体用同一代码标识，自动识别系统就把它们视为同一个实体，认为编码有误，将会对其做优化处理而剔除其中的冗余信息。这样就会由于某一个编码的无效性而导致整个编码系统的无效性。如果同一个实体有几个代码，自动识别系统将视其为几种不同的实体，这样不仅大大增加数据处理的工作量，而且会造成数据处理上的混乱。因此，确保每一个实体必须有唯一的实体代码就显得格外重要。唯一性是实体编码最重要的一条原则。

2）可扩展性

编码应考虑各方面的属性，并预留扩展区域。而针对不同的建筑项目，或者是针对不同的名称，相应的属性编码之间是独立的，不会互相影响。这样就保证了编码体系的大样本性，确保了足够的容量为大量的各种各样的建筑实体服务。

3）有含义，确保编码卡的可读性和简单性

有含义代码其代码本身及其位置能够表示实体特定信息。使用有含义编码反而可以加深编码的可阅读性,易于完善和分类,最重要的是这种有含义的编码在数据处理方面的优势是无含义编码所不具有的。

(3) 编码体系(见图5-15)

| i | 1 | 3 | 7 | 0 | 1 | 0 | 2 | 0 | 0 | 0 | 1 | 0 | 0 | 1 | 0 | 2 | 2 | 1 | 3 |
|---|---|---|---|---|---|---|---|---|---|---|---|---|---|---|---|---|---|---|---|
| 4 | 5 | 0 | 5 | 2 | 0 | 1 | 5 | 0 | 0 | 0 | 0 | 0 | 1 | 9 | 9 | 9 | 9 | 9 | 9 |

图5-15 编码体系

1) 第1位:ISO位,编码跟节点(均为i开头)。
2) 第2位:码制位,1.QR码;2.龙贝码;3.GM码(构件二维码码制)。
3) 第3~8位:制造企业地域位,按照身份证号码前六位进行编制。
4) 第9~14位:企业在建筑物联系统中的注册号。
5) 第15~16位:部品用途,10.产品;30.业务;40.公共设施。
6) 第17~24位:部品分类号,按照装配整体式混凝土结构部品分类规范进行编码。
7) 第25~28位:工程申报年份。
8) 第29~33位:工程编号(政府编制的工程号,当号码长度不同时,前面补0)。
9) 第34~40位:企业内部管理用的部品编号。

2. 预制构件运输

在构件生产阶段为每一个预制构件加入RFID电子标签,将构件码放入库,根据施工顺序,将某一阶段所需的构件提出、装车,这时需要用读写器一一扫描,记录下出库的构件及其装车信息。运输车辆上装有GPS,可以实时定位监控车辆所到达的位置。到达施工现场以后,扫码记录,根据施工顺序卸车码放入库。

3. 预制构件装配施工的管理

在装配整体式混凝土结构的装配施工阶段,BIM与RFID结合可以发挥两方面的作用,一方面是构件存储管理,另一个方面是工程的进度控制。两者的结合可以实现对构件的存储管理和施工进度控制的实时监控。另外,在装配整体式混凝土结构的施工过程中,通过RFID和BIM将设计、构件生产、营造施工各阶段紧密地联系起来,不但解决了信息创建、管理、传递的问题,而且BIM模型、三维图纸、装配模拟、采购制造运输存放安装的全程跟踪等手段为工业化建造方法的普及也奠定了坚实的基础,对于实现建筑工业化有极大的推动作用。

(1) 装配施工阶段构件的管理

在装配整体式混凝土结构的施工管理过程中,应当重点考虑两方面的问题:一是构件入场的管理,二是构件吊装施工中的管理。

在此阶段,以RFID技术为主追踪监控构件存储吊装的实际进程,并以无线网络即时传递信息,同时配合BIM,可以有效地对构件进行追踪控制。RFID与BIM相结合的优点在于信息准确丰富,传递速度快,减少人工录入信息可能造成的错误,使用RFID标签最大的优点在于其无接触式的信息读取方式,在构件进场检查时,甚至无需人工介入,直接设置固定的RFID阅读器,只要运输车辆速度满足条件,即可采集数据。

(2) 工程进度控制

在进度控制方面，BIM 与 RFID 的结合应用可以有效地收集施工过程进度数据，利用相关进度软件，如 P3、MS Project 等，对数据进行整理和分析，并可以应用 4D 技术对施工过程进行可视化的模拟。然后，将实际进度数据分析结果和原进度计划相比较，得出进度偏差量。最后，进入进度调整系统，采取调整措施加快实际进度，确保总工期不受影响。

在施工现场，可利用手持或固定的 RFID 阅读器收集标签上的构件信息，管理人员可以及时地获取构件的存储和吊装情况的信息，并通过无线感应网络及时传递进度信息。获取的进度信息可以以 Project 软件 mpp 文件的形式导入到 Navisworks Manage 软件中进行进度的模拟，并与计划进度进行比对，可以很好地掌握工程的实际进度状况。

4. 运营维护阶段的管理

（1）物业管理

在物业管理中，RFID 在设施管理、门禁系统方面应用的很多，如在各种管线的阀门上安装电子标签，标签中存有该部品的相关信息如维修次数、最后维护时间等，工作人员可以使用阅读器很方便地寻找到相关设施的位置，每次对设施进行相关操作后，将相应的记录写入 RFID 标签中，同时将这些信息存储到集成 BIM 的物业管理系统中，这样就可以对建筑物中各种设施的运行状况有直观的了解。

（2）建筑物改建及拆除

运维阶段，BIM 软件以其阶段化设计方式实现对建筑物改造、扩建、拆除的管理；参数化的设计模式可以将房间图元的各种属性，如名称、体积、面积、用途、楼地板的做法等集合在模型内部，结合物联网技术在建筑安防监控、设备管理等方面的应用可以很好地对建筑进行全方位的管理。

# 第六章 安全生产管理

## 第一节 安全生产管理概述

安全生产是实现建设工程质量、进度与造价三大控制目标的重要保障，近年来，尤其是建筑工业化水平的提高和装配整体式混凝土结构的大力推进，为传统的建筑施工安全生产管理提出新的要求。

**一、装配整体式混凝土结构施工安全生产管理的依据和要求**

装配整体式混凝土结构施工安全生产管理，必须遵守国家、部门和地方的相关法律、法规和规章以及相关规范、规程中有关安全生产的具体要求，对施工安全生产进行科学的管理，并推行绿色施工，预防生产安全事故的发生，保障施工人员的安全和健康，提高施工管理水平，实现安全生产管理工作的标准化。

**二、安全生产责任制**

安全生产责任制是安全管理的核心，尤其是装配整体式混凝土结构的安全操作规程和安全知识的培训和再教育更有必要，同产业化密切相关的制度应重点强调。

（一）制定各工种安全操作规程

工种安全操作规程可消除和控制劳动过程中的不安全行为，预防伤亡事故，确保作业人员的安全和健康，是企业安全管理的重要制度之一。

安全操作规程的内容应根据国家和行业安全生产法律、法规、标准、规范，结合施工现场的实际情况来制定，同时根据现场使用的新工艺、新设备、新技术，制定出相应的安全操作规程，并监督其实施。

（二）制定施工现场安全管理规定

施工现场安全管理规定是施工现场安全管理制度的基础，目的是规范施工现场安全防护设施的标准化、定型化。

施工现场安全管理的内容包括：施工现场一般安全规定、构件堆放场地安全管理、脚手架工程安全管理、支撑架及防护架安全使用管理、电梯井操作平台安全管理、马道搭设安全管理、水平安全网支搭拆除安全管理、孔洞临边防护安全管理、拆除工程安全管理、防护棚支搭安全管理等。

（三）制定机械设备安全管理制度

机械设备是指目前建筑施工普遍使用的垂直运输和加工机具，由于机械设备本身存在一定的危险性，如果管理不当可能造成机毁人亡，塔式起重机和汽车式起重机是混凝土装配式结构施工中安全使用管理的重点。

机械设备安全管理制度应规定：大型设备应到上级有关部门备案，遵守国家和行业有关规定，还应设专人负责定期进行安全检查、保养，保证机械设备处于良好的状态。

（四）制定施工现场临时用电安全管理制度

施工现场临时用电是目前建筑施工现场使用广泛，危险性比较大的项目，它牵扯到每个劳动者的安全，也是施工现场一项重点的安全管理项目。

施工现场临时用电管理制度的内容应包括外电的防护、地下电缆的保护、设备的接地与接零保护、配电箱的设置及安全管理规定（总箱、分箱、开关箱）、现场照明、配电线路、电器装置、变配电装置、用电档案的管理等。

## 第二节 起重机械与垂直运输设施安全管理

起重机械是建筑工程施工不可缺少的设备，在装配整体式混凝土结构工程施工中主要采用自行式起重机和塔式起重机，用于构件及材料的装卸和安装。垂直运输设施主要包括塔式起重机、物料提升机和施工升降机，其中施工升降机既可承担物料的垂直运输，也可承担施工人员的垂直运输。自行式起重机和塔式起重机选用应根据拟施工的建筑物平面形状、高度、构件数量、最大构件质量、长度确定，确保安全使用起重机械。科学安排与合理使用起重机械及垂直运输设施可大大减轻施工人员体力劳动强度，确保施工质量与安全生产，加快施工进度，提高劳动生产率。起重机械与垂直运输设施均属特种设备，其安拆与相关施工操作人员均属特种作业人员，其安全运行对保障建筑施工安全生产具有重要意义。

**一、起重机械与垂直运输设施技术档案及报检**

（一）技术档案管理

（1）起重机械随机出厂文件（包括设计文件、产品质量合格证明、监督检验证明、安装技术文件和资料、使用和维护保养说明书、装箱单、电气原理接线图、起重机械功能表、主要部件安装示意图、易损坏目录）；

（2）安全保护装置的形式试验合格证明；

（3）特种设备检验机构起重机械验收报告、定期检验报告和定期自行检查记录；

（4）日常使用状况记录；

（5）日常维护保养记录；

（6）运行故障及事故记录；

（7）使用登记证明。

（二）使用登记和定期报检

（1）起重机械安全检验合格标志有效期满前一个月向特种设备安全检验机构申请定期检验。

（2）起重机械停用一年重新启用，或发生重大的设备事故和人员伤亡事故，或经受了可能影响其安全技术性能的自然灾害（火灾、水淹、地震、雷击、大风等）后也应该向特种设备安全监督检验机构申请检验。

（3）申请起重机械安全技术检验应采用书面形式，一份报送执行检验的部门，另一份由起重机械安全管理人员负责保管，作为起重机械管理档案保存。

（4）凡有下列情况之一的起重机械，必须经检验检测机构按照相应的安全技术规范的要求实施监督检验，合格后方可使用。

1) 首次启用或停用一年后重新启用的；
2) 经大修、改造后的；
3) 发生事故后可能影响设备安全技术性能的；
4) 自然灾害后可能影响设备安全技术性能的；
5) 转场安装和移位安装的；
6) 国家其他法律法规要求的。

（三）日常检查管理制度

设备管理部门应严格执行设备的日检、月检和年检，即每个工作日对设备进行一次常规的巡检，每月对易损零部件及主要安全保护装置进行一次检查，每年至少进行一次全面检查，保证设备始终处于良好的运行状态。

常规检查应由起重机械操作人员或管理人员进行，其中月检和年检也可以委托专业单位进行；检查中发现异常情况时，必须及时进行处理，严禁设备带故障运行，所有检查和处理情况应及时进行记录。

1. 起重机年检的主要内容
（1）月度检查的所有内容；
（2）金属结构的变形、裂纹、腐蚀及焊缝、铆钉、螺栓等连接情况；
（3）主要零部件的磨损、裂纹、变形等情况；
（4）重量指示、超载报警装置的可靠性和精度；
（5）动力系统和控制器。

2. 起重机日常维护保养管理制度

日常维护保养工作是保证起重机械安全、可靠运行的前提，在起重机械的日常使用过程中，应严格按照随机文件的规定定期对设备进行维护保养。

维护保养工作可由起重机械司机、管理人员和维修人员进行，也可以委托具有相应资质的专业单位进行。

3. 起重机维护保养注意事项
（1）将起重机移至不影响其他起重机工作的位置，因条件限制不能做到的应挂安全警告牌、设置监护人并采取防止撞车和触电的措施。
（2）将所有控制器手柄放于零位。
（3）起重机的下方地段应用红白带围起来，禁止人员通行。
（4）切断电源，拉下闸刀，取下熔断器，并在醒目处挂上"有人检修、禁止合闸"警告牌，或派人监护。
（5）在检修主滑线时，必须将配电室的刀开关断开，并填好工作票，挂好工作牌，同时将滑线短路和接地。
（6）检修换下来的零部件必须逐件清点，妥善处理，不得乱放和遗留在起重机上。
（7）在禁火区动用明火需办动火手续，配备相应的灭火器材。
（8）登高使用的扶梯要有防滑措施，且有专人监护。
（9）手提行灯应在36V以下，且有防护罩。
（10）露天检修时，6级以上大风，禁止高空作业。
（11）检修后先进行检查再进行润滑，然后试车验收，确定合格方可投入使用。

**二、自行式起重机安全管理**

自行式起重机是指自带动力并依靠自身的运行机构沿有轨或无轨通道运移的臂架型起重机。分为汽车式起重机、轮胎式起重机、履带式起重机、铁路起重机和随车起重机等几种。本节以履带式、汽车式和轮胎式起重机为例简述相应的安全管理规程。

（一）履带式起重机安全管理规定

（1）起重吊装的指挥人员必须持证上岗，作业时应与操作人员密切配合，执行规定的指挥信号。操作人员按照指挥人员的信号进行作业，当信号不清或错误时，操作人员可拒绝执行。

（2）起重机应当在平坦坚实的地面上作业、行走和停放。在正常作业时，坡度不得大于3°，并应与沟渠、基坑保持安全距离。

（3）起重机启动前重点检查项目应符合下列要求：

1）各安全防护装置及各指示仪表齐全完好；
2）钢丝绳及连接部位符合规定；
3）燃油、润滑油、液压油、冷却水等添加充足；
4）各连接件无松动。

（4）起重机启动前应将主离合器分离，各操纵杆放在空挡位置，并应按照起重机使用说明书的规定启动内燃机。

（5）内燃机启动后，应检查各仪表指示值，待运转正常后再接合主离合器，进行空载运转，顺序检查各工作机构及其制动器，确认正常后，方可作业。

（6）作业时，起重臂的最大仰角不得超过出厂规定。当无资料可查时，不得超过78°。

（7）起重机变幅应缓慢平稳，严禁在起重臂未停稳前变换挡位；起重机载荷达到额定起重量的90%及以上时，严禁下降起重臂。

（8）在起吊载荷达到额定起重量的90%及以上时，升降动作应慢速进行，并严禁同时进行两种及以上动作。

（9）起吊重物时应先稍离地面试吊，当确认重物已挂牢，起重机的稳定性和制动器的可靠性均良好后，再继续起吊。在重物升起过程中，操作人员应把脚放在制动踏板上，密切注意起升重物，防止吊钩冒顶。当起重机停止运转而重物仍悬在空中时，即使制动踏板被固定，仍应脚踩在制动踏板上。

（10）采用双机抬吊作业时，应选用起重性能相似的起重机进行。抬吊时应统一指挥，动作应配合协调，载荷应分配合理，单机的起吊载荷不得超过允许载荷的80%。在吊装过程中，两台起重机的吊钩滑轮组应保持垂直状态。

（11）当起重机需带载行走时，载荷不得超过允许起重量的70%，行走道路应坚实平整，重物应在起重机正前方向，重物离地面不得大于500mm，并应拴好拉绳，缓慢行驶。严禁长距离带载行驶。

（12）起重机行走时，转弯不应过急；当转弯半径过小时，应分次转弯；当路面凹凸不平时，不得转弯。

（13）起重机上下坡道应无载行走，上坡时应将起重臂仰角适当放小，下坡时应将起重臂仰角适当放大。严禁下坡空挡滑行。

（14）起重机的变幅指示器、力矩限制器、起重量限制器以及各种行程限位开关等安全保护装置，应完好齐全、灵敏可靠，不得随意调整或拆除。严禁利用限制器和限位装置代替操纵机构。

（15）起重机作业时，起重臂和重物下方严禁有人停留、工作或通过。重物吊运时，严禁从人上方通过。严禁用起重机载运人员。

（16）严禁使用起重机进行斜拉、斜吊和起吊地下埋设或凝固在地面上的重物以及其他不明质量的物体。现场浇筑的混凝土构件或模板，必须全部松动后方可起吊。

（17）严禁起吊重物长时间悬挂在空中，作业中遇突发故障时，应采取措施将重物降落到安全地方，并关闭发动机或切断电源后进行检修。在突然停电时，应立即把所有控制器拨到零位，断开电源总开关，并采取措施使重物降到地面。

（18）操纵室远离地面的起重机，在正常指挥发生困难时，地面及作业层（高空）的指挥人员均应采用对讲机等有效的通信联络进行指挥。

（19）在露天有6级及以上大风或大雨、大雪、大雾等恶劣天气时，应停止起重吊装作业。雨雪过后作业前，应先试吊，确认制动器灵敏可靠后方可进行作业。

（20）作业后，起重臂应转至顺风方向，并降至40°～60°之间，吊钩应提升到接近顶端的位置，应关停内燃机，将各操纵杆放在空挡位置，各制动器加保险固定，操作室和机棚应关门加锁。

（21）起重机转移工地，应采用平板拖车运送。特殊情况需自行转移时，应卸去配重，拆短起重臂，主动轮应在后面，机身、起重臂、吊钩等必须处于制动位置，并应加保险固定。每行驶500～1000m时，应对行走机构进行检查和润滑。

（二）汽车式和轮胎式起重机安全管理规定

（1）轮胎式起重机行驶和工作的场地应保持平坦坚实，并应与沟渠、基坑保持安全距离。

（2）起重机启动前重点检查项目应符合下列要求：

1）安全保护装置和指示仪表齐全完好。

2）钢丝绳及连接部位符合规定。

3）燃油、润滑油、液压油及冷却水添加充足。

4）各连接件无松动。

5）轮胎气压符合规定。

（3）启动前，应将各操纵杆放在空挡位置，手制动器应锁死，并应按规定启动内燃机。启动后，应怠速运转，检查各仪表指示针，运转正常后接合液压泵，待压力达到规定值，油温超过30℃时，方可开始作业。

（4）应全部伸出支腿，并在撑脚板下垫方木，调整机体使回转支撑面的倾斜角在无荷载时不大于1/1000，水准泡居中。支腿有定位销的必须插上，底盘为弹性悬挂的起重机，放支腿前应先收紧稳定器。

（5）作业中严禁扳动支腿操纵阀。调整支腿必须在无荷载时进行，并将起重臂转至正前或正后方可再行调整。

（6）应根据所吊重物的质量和提升高度，调整起重臂长度和仰角，并应估计吊索和重物的高度，留出适当空间。

（7）起重臂伸缩时，应按规定程序进行，在伸臂的同时应相应下降吊钩。当限制器发出警报时，应立即停止伸臂。起重臂缩回时，仰角不宜太小。

（8）起重臂伸出后，出现前节臂杆的长度大于后节伸出长度时，必须进行调整，消除不正常情况后，方可作业。

（9）起重臂伸出后，或主副臂全部伸出后，变副时不得小于各长度所规定的仰角。

（10）作业时，汽车驾驶室内不得有人，重物不得超越驾驶室上方，且不得在车的前方起吊。

（11）采用自由重力下降时，荷载不得超过该工作状况下额定起重量的20%，并使重物有控制地下降，下降停止前应逐渐减速，不得使用紧急制动。

（12）起吊重物达到额定起重量的50%及以上时，应使用低速挡。

（13）作业中发现起重机、支腿不稳等异常现象时，应立即使重物下落在安全的地方，下降中严禁制动。

（14）重物在空中需要停留较长时间时，应将起升卷筒制动锁住，操作人员不得离开操纵室。

（15）起吊重物达到额定起重量的90%以上时，严禁同时进行两种及以上的操作动作。

（16）起重机带载回转时，操作应平稳，避免急剧回转或停止，换向应在停稳后进行。

（17）当轮胎式起重机带载行走时，道路必须平坦坚实，载荷必须符合出厂规定，重物离地面不得超过500m，并应拴好拉绳，缓慢行驶。

（18）作业后，应将起重臂全部缩回放在支架上，再收回支腿。吊钩应用专用钢丝绳挂牢，应将车架尾部两撑杆放在尾部下方的支座内，并用螺母固定，应将阻止机身旋转的销式制动器插入销孔，并将取力器操纵手柄放在托开位置，最后应锁住起重操纵室门。

（19）行驶前，应检查并确认各支腿的收存无松动，轮胎气压符合规定。行驶时水温应在80~90℃范围内，水温未达到80℃时，不得高速行驶。

（20）行驶时，应保持中速，不得紧急制动，过铁道口或起伏路面时应减速，下坡时严禁空挡滑行，倒车时应有人监护。

（21）行驶时，严禁人员在底盘走台上站立或蹲坐，并不得堆放物件。

### 三、塔式起重机安全管理

塔式起重机是动臂装在高耸塔身上部的旋转起重机。作业空间大，主要用于房屋建筑施工中物料的垂直和水平输送及建筑构件的安装。由金属结构、工作机构和电气系统三部分组成。金属结构包括塔身、起重臂、平衡臂和底座等。工作机构有起升、变幅、回转和行走四部分。电气系统包括电动机、控制器、配电柜、连接线路、信号及照明装置等。塔式起重机是装配整体式混凝土结构施工中的主要运输机械。

塔式起重机的主要技术参数有最大起重量、端部吊重（起重力矩）、最大/最小幅度、最大起升高度、结构形式、变幅方式、塔身截面尺寸等。

塔式起重机分为上回转塔式起重机和下回转塔式起重机两大类。其中前者的承载力要高于后者，在许多施工现场我们所见到的就是上回转式上顶升加节接高的塔式起重机。在装配整体式混凝土结构的施工中一般采用的是固定式的。按其变幅方式可分为水平臂架小车变幅和动臂变幅两种；按其安装形式可分为自升式、整体快速拆装式和拼装式三种。应用最广的是上回转、拆装快速的自升塔式起重机。

（一）塔式起重机安全管理规定

1. 资料管理

施工企业或塔式起重机机主应将塔式起重机的生产许可证、产品合格证、拆装许可证、使用说明书、电气原理图、液压系统图、司机操作证、塔式起重机基础图、地质勘察资料、塔式起重机拆装方案、安全技术交底、主要零部件质保书（钢丝绳、高强连接螺栓、地脚螺栓及主要电气元件等）报给塔式起重机检测中心，经塔式起重机检测中心检测合格后，获得安全使用证，安装好以后同项目经理部的交接记录，同时在日常使用中要加强对塔式起重机的动态跟踪管理，做好台班记录、检查记录和维修保养记录（包括小修、中修、大修）并有相关责任人签字，在维修过程中所更换的材料及易损件要有合格证或质量保证书，并将上述材料及时整理归档，建立一机一档台账。

2. 拆装管理

塔式起重机的拆装是事故的多发阶段。因拆装不当和安装质量不合格而引起的安全事故占有很大的比重。塔式起重机拆装必须要由具有资质的拆装单位进行作业，而且要在资质范围内从事安装拆卸。拆装人员要经过专门的业务培训，有一定的拆装经验并持证上岗，同时要各工种人员齐全，岗位明确，各司其职，听从统一指挥，在调试过程中，专业电工的技术水平和责任心很重要，电工要持电工证和起重工证上岗。通过对大量的塔式起重机检测资料进行统计，有些市区发现首检合格率不高，其中大多是由于安装人员的安装技术水平较差，拆装单位疏于管理，安全意识尚有待进一步提高造成的。因此，必须加强对拆装单位人员进行业务培训，并确保培训效果。拆装要编制专项拆装方案，方案要有安装单位技术负责人审核签字，并向拆装单位参与拆装的警戒区和警戒线，安排专人指挥，无关人员禁止入场，严格按照拆装程序和说明书的要求进行作业，当遇风力超过 4 级要停止拆装，风力超过 6 级塔式起重机要停止起重作业。特殊情况确实需要在夜间作业的要有足够的照明，特殊情况确实需要在夜间作业的要与汽车吊司机就有关拆装的程序和注意事项进行充分的协商并达成共识。

3. 塔式起重机基础

塔式起重机基础是塔式起重机的根本，实践证明有不少重大安全事故都是由于塔式起重机基础存在问题而引起的，它是影响塔式起重机整体稳定性的一个重要因素。有的事故是由于工地为了抢工期，在混凝土强度不够的情况下而草率安装造成的，有的事故是由于地耐力不够造成的，有的事故是由于在基础附近开挖而导致滑坡产生位移，或是由于积水而产生不均匀沉降等造成的，诸如此类，都会造成严重的安全事故，必须引起我们的高度重视，不得有半点含糊。塔式起重机的稳定性就是塔式起重机抗倾覆的能力，塔式起重机最大的事故就是倾翻倒塌。做塔式起重机基础的时候，一定要确保地耐力符合设计要求，钢筋混凝土的强度至少达到设计值的 80%。有地下室工程的塔式起重机基础要采取特别的处理措施，有的要在基础下打桩，并将桩端的钢筋与基础地脚螺栓牢固的焊接在一起。混凝土基础底面要平整夯实，基础底部不能做成锅底状。基础的地脚螺栓尺寸必须严格按照基础图的要求施工，地脚螺栓要保持足够的露出地面的长度，每个地脚螺栓要用双螺帽预紧。在安装前要对基础表面进行处理，保证基础的水平度不能超过 1/1000。同时塔式起重机基础不得积水，积水会造成塔式起重机基础的不均匀沉降。在塔式起重机基础附近不得随意挖坑或开沟。

4. 安全距离

在进行塔式起重机平面布置的时候要绘制平面图，尤其是房地产开发小区，住宅楼多，塔式起重机如林，更要考虑相邻塔式起重机的安全距离，在水平和垂直两个方向上都要保证不少于2m的安全距离，相邻塔式起重机的塔身和起重臂不能发生干涉，尽量保证塔式起重机在风力过大时能自由旋转。塔式起重机后臂与相邻建筑物之间的安全距离不少于50cm。塔式起重机与输电线之间的安全距离应符合要求。

塔式起重机与输电线的安全距离达不到规定要求的要搭设防护架，防护架搭设原则上要停电搭设，不得使用金属材料，可使用竹竿等材料。竹竿与输电线的距离不得小于1m，还要有一定的稳定性，防止大风吹倒。

多台同时作业时要坚持中间高、四周低的原则，由于中心位置塔式起重机受周围塔式起重机的影响和制约较多，因此居中塔式起重机应尽可能保持在高位，并保证其技术性能最好。多台塔式起重机之间的最小距离应保证处于低位的塔式起重机起吊臂端部与另一台塔式起重机的塔身之间至少有2m的距离。处于高位的塔式起重机最低位置部件（吊钩上升至最高点处或最高位置的平衡重）与低位塔式起重机最高部件之间的垂直距离不得小于2m。几台塔式起重机的塔臂高度，不能在同一水平线上，要始终保持4～6m的高低差。

（二）塔式起重机防碰撞措施

（1）坚持塔式起重机作业运行原则

1）低塔让高塔原则：低塔在运转时，应观察高塔运行情况后再运行。

2）后塔让先塔原则：塔式起重机在重叠覆盖区运行时，后进入该区域的塔式起重机要避让先进入该区域的塔式起重机。

3）动塔让静塔原则：塔式起重机在进入重叠覆盖区运行时，运行塔式起重机应避让该区停止塔式起重机。

4）轻车让重车原则：在两塔同时运行时，无载荷塔式起重机应避让有载荷的塔式起重机。

5）客塔让主塔原则：另一区域塔式起重机在进入他人塔式起重机区域时应主动避让主方塔式起重机。

6）同步升降原则：所有塔式起重机应根据具体施工情况在规定时间内统一升降，以满足塔式起重机立体施工的要求。

（2）塔式起重机应由专职人员操作和管理，严禁违章作业和超载使用，机械出现故障或运转不正常时应立即停止使用，并及时予以解决。

（3）塔臂前端设置明显标志，塔式起重机在使用过程中塔与塔之间回转方向必须错开。

（4）从施工流水段上考虑两塔式起重机作业时间尽量错开，避免在同一时间、同一地点两塔式起重机同时使用时发生碰撞。

（5）塔式起重机在起吊物件过程中尽量使用小车回位，当塔式起重机运转到施工需要地点时，再将材料运到施工地点。

（6）塔式起重机的转向制动，要经常保持完好状态，要经常检查，如有问题，应及时停机维修，决不能带病动转。

（7）塔式起重机同时作业时必须照顾相邻塔式起重机作业情况，其吊运方向、塔臂转动位置、起吊高度、塔臂作业半径内的交叉作业，应由专业信号工设限位哨，以控制塔臂的转动位置及角度，同时控制器具的水平吊运。

（8）禁止两塔式起重机同时向一方向吊运作业，严防吊运物体及吊绳相碰，确保交叉作业安全。

（9）每一台塔式起重机，必须有1名以上专职、经培训合格后持证上岗的指挥人员。

（10）塔式起重机司机要听从指挥，不能赌气开塔式起重机。

（11）塔式起重机同时作业时，必须保持往同一方向放置，不能随意旋转，并要听从指挥人员的指挥。

（12）指挥信号明确，必须用旗语或对讲机进行指挥。

（13）塔式起重机的转向制动，要经常保持完好状态，要经常检查，如有问题，应及时停机维修，决不能带病运转。

（14）塔式起重机的指挥人员，应经常保持相互联系，如遇到塔式起重机往对方旋转时，要事先通知对方或主动采取避让措施防止发生相互碰撞。

（15）有塔式起重机进行升（降）节作业时，必须事前及时与周围塔式起重机所属工地的有关人员进行书面联系，并悬挂警示牌，否则不能进行操作。

（16）夜间施工，要有足够的照明，照明度不够的，不能施工。

（17）邻近工地的塔式起重机，应相互协调，要有区域划分和责任划分。

（18）在确定基础安装时，应与邻近工地保持安全距离，防止塔式起重机相互碰撞。

（19）不是同一施工企业相邻的两个以上工地（塔式起重机易发生碰撞的），相关工地要主动与其他工地进行联系，并签订塔式起重机防碰撞的（协调）措施，相关工地必须认真遵守。

（20）项目部要向有关人员（塔式起重机指挥、塔式起重机司机）进行有关防碰撞方面的安全技术交底。

（21）对塔式起重机操作司机和起重指挥做好安全技术交底，以加强个人责任心，当塔式起重机进行回转作业时，二者要密切留意塔式起重机起吊臂工作位置，留有适当的回转位置空间。

（三）安全装置

为了保证塔式起重机的正常与安全使用，我们必须强制性要求塔式起重机在安装时必须具备规定的安全装置，主要有：起重力矩限制器、起重量限制器、高度限位装置、幅度限位器、回转限位器、吊钩保险装置、卷筒保险装置、风向风速仪、钢丝绳脱槽保险、小车防断绳装置、小车防断轴装置和缓冲器等。要确保这些安全装置的完好与灵敏可靠。在使用中如发现损坏应及时维修更换，不得私自解除或任意调节。

1. 起重量限制器

也称超载限制器，是一种能使起重机不致超负荷运行的保险装置，当吊重超过额定起重量时，它能自动切断提升机构的电源停车或发出警报。起重量限制器有机械式和电子式两种。

2. 力矩限制器

对于变幅起重机，一定的幅度只允许起吊一定的吊重，如果超重，起吊时就有倾翻的危险。力矩限制器就是根据这个特点研制出的一种保护装置。在某一幅度，如果吊物超出了其相应的重量，电路就被切断，使提升不能进行，保证了起重机的稳定。力矩限制器有机械式、电子式和复合式3种。

3. 高度限制器

也称吊钩高度限位器，一般都装在起重臂的头部，当吊钩滑升到极限位置，便托起杠杆。压下限位开关，切断电路停车，再合闸时，吊钩只能下降。

4. 行程限制器

防止起重机发生撞车或限制其在一定范围内行驶的保险装置。它一般安装在主动台车内侧，主要是安装一个可以拨动扳把的行程开关。另在轨道的端头（在运行限定的位置）安装一个固定的极限位置挡板，当塔式起重机运行到这个位置时，极限位置挡板即碰触行程开关的扳把，切断控制行走的电源，再合闸时塔吊只能向相反方向运行。

5. 幅度限制器

也称变幅限位或幅度指示器，一般的动臂起重机的起重臂上都挂有一个幅度指示器。它是一个固定的圆形指示盘，在盘的中心装一个铅垂的活动指针。当变幅时，指针指示出各种幅度下的额定起重量。当臂杆运行到上下两个极限位置时，分别压下限位开关，切断主控电路，变幅电机停车，达到限位的作用。

（四）稳定性

塔式起重机高度与底部支承尺寸比值较大，且塔身的重心高、扭矩大、启制动频繁、冲击力大，为了增加它的稳定性，我们就要分析塔式起重机倾翻的主要原因，其原因有以下几条：

超载：不同型号的起重机通常以起重力矩为主控制，当工作幅度加大或重物超过相应的额定荷载时，重物的倾覆力矩超过它的稳定力矩，就有可能造成塔式起重机倒塌。

斜吊：斜吊重物时会加大它的倾覆力矩，在起吊点处会产生水平分力和垂直分力，在塔式起重机底部支承点会产生一个附加的倾覆力矩，从而减小了稳定系数，造成塔式起重机倒塌。

塔式起重机基础不平，地耐力不够，垂直度误差过大也会造成塔式起重机的倾覆力矩增大，使塔式起重机稳定性减小。因此，我们要从这些关键性的因素出发来严格检查检测把关，预防重大的设备人身安全事故。

当塔式起重机超过它的独立高度的时候要架设附墙装置，以增加塔式起重机的稳定性。附墙装置要按照塔式起重机说明书的要求架设，附墙间距和附墙点以上的自由高度不能任意超长，超长的附墙支撑应另外设计并有计算书，进行强度和稳定性的验算。附着框架保持水平、固定牢靠与附着杆在同一水平面上，与建筑物之间连接牢固，附着后附着点以下塔身的垂直度不大于2/1000，附着点以上垂直度不大于3/1000。与建筑物的连接点应选在混凝土柱上或混凝土梁上。用预埋件或过墙螺栓与建筑物结构有效连接。有些施工企业用膨胀螺栓代替预埋件，还有用缆风绳代替附着支撑，这些都是十分危险的。

（五）电气安全

按照国家现行标准《建筑施工安全检查标准》JGJ 59 要求，塔式起重机的专用开关箱也要满足"一机、一箱、一闸、一漏"的要求，漏电保护器的脱扣额定动作电流应不大于 30mA，额定动作时间不超过 0.1s。司机室里的配电盘不得裸露在外。电气柜应完好、关闭严密、门锁齐全，柜内电气元件应完好，线路清晰，操作控制机构灵敏可靠，各限位开关性能良好，定期安排专业电工进行检查维修。

（六）塔式起重机安全操作管理规定

塔式起重机管理的关键还是对司机的管理。操作人员必须身体健康，了解机械构造和工作原理，熟悉机械原理、保养规则，持证上岗。司机必须按规定对起重机做好保养工作，有高度的责任心，认真做好清洁、润滑、紧固、调整、防腐等工作，不得酒后作业，不得带病或疲劳作业，严格按照塔式起重机机械操作规定和塔式起重机"十不准、十不吊"进行操作，不得违章作业、野蛮操作，有权拒绝违章指挥，夜间作业要有足够的照明。塔式起重机平时的安全使用关键在操作工的技术水平和责任心，检查维修关键在机械和电气维修工。我们要牢固树立以人为本的思想。

（七）安全检查

塔式起重机在安装前后和日常使用中都要对它进行检查。金属结构焊缝不得开裂，金属结构不得发生塑性变形，连接螺栓、销轴质量符合要求，有止退、防松的措施，连接螺栓要定期安排人员预紧，钢丝绳润滑保养良好，断丝数不得超标，绝不允许断股，不得发生塑性变形，绳卡接头符合标准，减速箱和油缸不得漏油，液压系统压力正常，刹车制动和限位保险灵敏可靠，传动机构润滑良好，安全装置齐全可靠，电气控制线路绝缘良好。尤其要督促塔式起重机司机、维修电工和机械维修工要经常进行检查，要着重检查钢丝绳、吊钩、各传动件、限位保险装置等易损件，发现问题立即处理，做到定人、定时间、定措施，杜绝机械带病作业。

（八）事故应急措施

1. 塔式起重机基础下沉、倾斜

（1）应立即停止作业，并将回转机构锁住，限制其转动。

（2）根据情况设置地锚，控制塔式起重机的倾斜。

2. 塔式起重机平衡臂、起重臂折臂

（1）塔式起重机不能做任何动作。

（2）按照抢险方案，根据实际情况采用焊接等手段，将塔式起重机结构加固，或用连接方法将塔式起重机结构与其他物体连接，防止塔式起重机倾翻和在拆除过程中发生意外。

（3）用 2~3 台适量吨位起重机，一台锁起重臂，一台锁平衡臂。其中一台在拆臂时起平衡力矩作用，防止因力的突然变化而造成倾翻。

（4）按抢险方案规定的顺序，将起重臂或平衡臂连接件中变形的连接件取下，用气焊割开，用起重机将臂杆取下。

（5）按正常的拆塔程序将塔式起重机拆除，遇变形结构用气焊割开。

3. 塔式起重机倾翻

（1）采取焊接连接方法，在不破坏失稳受力情况下增加平衡力矩，控制险情发展。

（2）选用适量吨位起重机按照抢险方案将塔式起重机拆除，变形部件用气焊割开或调整。

4. 锚固系统险情

（1）将塔式起重机平衡臂对应到建筑物，转臂过程要平稳并锁住。

（2）将塔式起重机锚固系统加固。

（3）如需更换锚固系统部件，先将塔式起重机降至规定高度后，再行更换部件。

5. 塔身结构变形、断裂、开焊

（1）将塔式起重机平衡臂对应到变形部位，转臂过程要平稳并锁住。

（2）根据实际情况采用焊接等手段，将塔式起重机结构变形或断裂、开焊部位加固。

（3）落塔更换损坏结构。

（九）塔式起重机的保养工作

为确保安全经济地使用塔式起重机，延长其使用寿命，必须做好塔式起重机的保养与维修及润滑工作。

经常保持整机清洁，及时清扫；检查各减速器的油量，及时加油；注意检查各部位钢丝绳有无松动、断丝、磨损等现象，如超过有关规定必须及时更换；检查制动器的效能、间隙，必须保证可靠的灵敏度；检查各安全装置的灵敏可靠性；检查各螺栓连接处，尤其是塔身标准节连接螺栓，当每使用一段时间后，必须重新进行紧固；检查各钢丝绳头压板、卡子等是否松动，应及时紧固。钢丝绳、卷筒、滑轮、吊钩等的报废，应严格执行《塔式起重机安全规程》GB 5144 和《起重机钢丝绳保养、维护、安装、检验和报废》GB/T 5972 的规定；检查各金属构件的杆件、腹杆及焊缝有无裂纹，特别应注意油漆剥落的地方和部位，尤以油漆呈 45°的斜条纹剥离最危险，必须迅速查明原因并及时处理。

塔身各处（包括基础节与底架的连接）的连接螺栓螺母，各处连接直径大于 $\phi20$ 的销轴等均为专用特制件，任何情况下，绝对不准代用，而塔身安装时每一个螺栓必须有两个螺母拧紧。

标准节螺栓性能等级为 10.9 级，螺母性能等级为 10 级（双螺母防松），螺栓头部顶面和螺母头部顶面必须有性能等级标志，否则一律不准使用。整机及金属机构每使用一个工程后，应进行除锈和喷刷油漆一次。检查吊具的自动换倍率装置以及吊钩的防脱绳装置是否安全可靠。观察各电器触头是否氧化或烧损，若有接触不良应修复或更换。各限位开关和按钮不得失灵，零件若有生锈或损坏应及时更换。各电器开关与开关板等的绝缘必须良好，其绝缘电阻不应小于 $0.5M\Omega$。检查各电气元件之紧固螺栓是否松动，电缆及其他导线是否破裂，若有应及时排除。

（十）塔式起重机报废与年限

国家明令淘汰机型要坚决禁止使用，年久失修塔式起重机在鉴定修复后要限制荷载使用。2010 年 8 月 1 日实施的行业标准《建筑起重机械安全评估技术规程》JGJ/T 189—2009 对于建筑起重机的安全管理具有里程碑式的重要意义。其将该类设备从"无限寿命管理"变为"有限寿命管理"。标准规定：塔式起重机 63tm 以下出厂年限超出 10 年、63～125tm 塔式起重机超出 15 年、125tm 以上塔式起重机超出 20 年的必须经过（有资质单位）评估合格后方能继续使用或者是降级使用，评估不合格则报废处理，并且对各型塔式起重机和升降机分别规定了 1～3 年的评估合格后最长有效期限。

## 第三节 构件运输安全生产管理

### 一、运输车辆主要技术参数

运输车辆外形见图 6-1,主要技术参数见表 6-1。

图 6-1 运输车辆外形

运输车辆主要技术参数　　　　　　表 6-1

| 项　目 | 参　数 | |
|---|---|---|
| 质量参数 | 装载质量（kg） | 31000 |
| | 整备质量（kg） | 9000 |
| | 最大总质量（kg） | 40000 |
| 尺寸参数 | 总长（mm） | 12980 |
| | 总宽（mm） | 2490 |
| | 总高（mm） | 3200 |
| | 前回转半径（mm） | 1350 |
| | 后间隙半径（mm） | 2300 |
| | 牵引销固定板离地高度（mm） | 1240 |
| | 轴距（mm） | 8440+1310+1310 |
| | 轮距（mm） | 2100 |
| | 承载面离地高度（mm） | 860（满载） |
| | 最小转弯半径（mm） | 12400 |
| | 可装运预制板高度（mm）<br>（整车高 4000mm） | 3140 |

### 二、半挂车与牵引车的连接

应按以下步骤进行半挂车与牵引车的连接,避免出现不良情况,参见表 6-2。

检查项目及处理意见　　　　　　　　　　　　　表 6-2

| 检查项目 | 现　象 | 处 理 意 见 |
|---|---|---|
| 牵引车与半挂车高度的匹配 | 牵引座中心高－半挂车牵引高＝50～100mm | 如不满足此条件，则不能很好匹配 |
| 牵引车与半挂车高度的转弯干涉 | 转弯时半挂车前端与牵引车驾驶室相接触或牵引车后端与半挂车相接触 | 必须更换另一台牵引车来牵引半挂车 |
| 牵引车的牵引座 | 1. 有无砂土、石块或其他异物 | 如有则清除 |
|  | 2. 牵引座上是否有润滑脂 | 加足润滑脂 |
|  | 3. 牵引座的连接固定 | 如螺栓松动须拧紧或更换 |
| 半挂车上牵引销和座板 | 1. 有无砂土或其他异物 | 如有则清除 |
|  | 2. 牵引销 | 如发现磨损严重则需更换 |

半挂车和牵引车的连接操作：

为了使牵引销与牵引座顺利连接，应先用垫木将半挂车车轮挡住。操作支腿，使半挂车牵引销座板比牵引车的牵引座中心位置约低 10～30mm。否则有时不仅不能连接，还会损坏牵引座、牵引销及有关零件。

拉开牵引车上牵引座的解锁拉杆，张开牵引锁止机构。向后倒牵引车，使半挂车牵引销经牵引座 V 型开口导入锁止机构开口并推动锁止块转动、锁紧牵引销（听见"咔哒"声，看见解锁拉杆退回）。

牵引车倒退时，牵引车与半挂车中心线要力求一致，一般两中心线偏移限于 40mm 以下，两中心线夹角满载时限于 5°以内，空车时限于 7°以内。

连接气路，将牵引车和半挂车的供气管路接头、控制管路接头各自对接（红红对接，黄黄对接），打开牵引车上的半挂车气路连接分离开关。连接电路，将牵引车的电线连接插头插入半挂车的电线连接插座上，同时将 ABS 连线接上。正确操作升降支腿使之缩回，然后拉下摇把并挂在挂钩上，搬开车轮下的垫木。

（1）起步前的检查

牵引车与半挂车的轮胎气压是否为规定值。启动发动机，观察驾驶室内的气压表，直到气压上升到 0.6MPa 以上。推入牵引车的手刹，可听到明显急促的放气声，看见制动气室推杆缩回，解除驻车制动。检查气路有无漏气，制动系统是否正常工作。检查电路各灯具是否正常工作，各电线接头是否结合良好。

（2）起步

一切检查确定正常后，继续使制动系统气压（表压）上升到 0.7～0.8MPa，然后按牵引车的操作要求平稳起步，并检查整车的制动效果以确保制动可靠。

（3）行驶

经过上述操作后便可正常行驶，行驶时与一般汽车相同，但要注意以下几点：

1）防止长时间使用半挂车的制动系统，以避免制动系统气压太低而使紧急制动阀自动制动车轮。出现刹车自动抱死情况。

2）长坡或急坡时，要防止制动鼓过热，应尽量使用牵引车发动机制动装置制动。

3）行驶时车速不得超过最高车速。

4）应注意道路上的限高标志，以避免与道路上的装置相撞。

5）由于预制板重心较高，转弯时必须严格控制车速，不得大于 10km/h。

（4）分离半挂车

应尽量选择在平坦坚实的地面上分离半挂车和牵引车。如在地基较软或夏天在沥青路面上分离时，应在升降支腿底座下面垫一块厚木板，以防止因负重下沉而出现无法重新连接等情况。拉出牵引车的手刹，使制动器安全制动。关闭牵引车上的半挂车气路连接分离开关，然后从半挂车上卸下牵引车气接头。从半挂车电线连接插座上拔下插头，同时将 ABS 连线拔下。操作升降支腿，使升降支腿底座着地，然后换低速挡，将半挂车抬起一些间隙，以便退出牵引车。拉出牵引座解锁拉杆，使锁止块张开。缓慢向前开出牵引车，使牵引销与牵引座脱离，以分离半挂车和牵引车。分离后检查半挂车各部分有无异常，拧开储气筒下部的放水阀排出筒内积水。

（5）装载预制件

将车辆停于平整硬化地面上。检查车辆使车辆处于驻车制动状态。用钥匙将液压单元开关打开。半挂车卸预制板前，操作液压压紧装置控制按钮盒中对应控制按键，将压紧装置全部松开收起，打开固定支架后门，见图 6-2～图 6-4。采用行吊或随车吊等吊装工具，将吊装工具与预制件连接牢靠，将预制件直立吊起，起升高度要严格控制，预制件底端距车架承载面或地面小于 100mm，吊装行走时立面在前，操作人员站于预制件后端，两侧面与前面禁止站人。为防止工件磕碰损伤，轻轻地将预制件置于地面专用固定装置内，并固定牢靠。进行下一次操作。完毕后将后门关闭，将液压单元开关关闭并将钥匙取下。卸载鹅颈上方预制件时，在确保箱内货物固定牢靠的情况下打开栏板，打开栏板时人员不得站立于栏板正面，防止被滚落物体砸伤。卸载完成后将栏板关闭并锁止可靠。

图 6-2　控制按钮盒　　　　图 6-3　将压紧装置全部松开收起　　　　图 6-4　打开后门

### 三、装载预制件时的注意事项

（1）尽可能在坚硬平坦道路上装载。

（2）装载位置尽量靠近半挂车中心，左右两边余留空隙基本一致。

（3）在确保渡板后端无人的情况下，放下和收起渡板。

（4）吊装工具与预制件连接必须牢靠，较大预制件必须直立吊起和存放。

（5）预制件起升高度要严格控制，预制件底端距车架承载面或地面小于 100mm。

（6）吊装行走时立面在前，操作人员站于预制件后端，两侧与前面禁止站人。

### 四、装卸

建筑产业化施工过程中，在工厂预先制作的混凝土构件，根据运输与堆放方案，提前做好堆放场地、固定要求、堆放支垫及成品保护措施。对于大型构件的装卸应有专门的质量安全保证措施,所以有必要掌握构件装卸的操作安全要点。

1. 卸车准备

构件卸车前,应预先布置好临时码放场地,构件临时码放场地需要合理布置在吊装机械可覆盖范围内,避免二次吊装。管理人员分派装卸任务时,要向工人交代构件的名称、大小、形状、质量、使用吊具及安全注意事项。安全员应根据装卸作业特点对操作人员进行安全教育。装卸作业开始前,需要检查装卸地点和道路,清除障碍。

2. 卸车

装卸作业时,应按照规定的装卸顺序进行,确保车辆平衡,避免由于卸车顺序不合理导致车辆倾覆,应采取保证车体平衡的措施。装卸过程中,构件移动时,操作人员要站在构件的侧面或后面,以防物体倾倒。参与装卸的操作人员要佩戴必要安全劳保用品。装卸时,汽车未停稳,不得抢上抢下。开关汽车栏板时,在确保附近无其他人员后,必须两人进行。汽车未进入装卸地点时,不得打开汽车栏板,在打开汽车栏板后,严禁汽车再行移动。卸车时,要保证构件质量前后均衡,并采取有效的防止构件损坏的措施。卸车时,务必从上至下,依次卸货,不得在构件下部抽卸,以防车体或其他构件失衡。

3. 堆放

预制构件堆放场地应平整、坚实、无积水;卸车后,预埋吊件应朝上,标识应朝向堆垛间的通道;构件应根据制作、吊装平面规划位置,按类型、编号、吊装顺序、方向依次配套堆放;构件应按设计支承位置堆放平稳,底部应设置垫木。对不规则的柱、梁、板应专门分析确定支承和加垫方法;构件支垫应坚实,垫块在构件下的位置宜与脱模吊装时的起吊位置一致;重叠堆放构件时,每层构件间的垫块应上下对齐,堆垛层数应根据构件、垫块的承载力确定,剪力墙、屋架、薄腹梁等重心较高的构件,应直立放置,除设支承垫木外,应于其两侧设置支撑使其稳定,支撑不得少于2道,并应根据需要采取防止堆垛倾覆的措施;柱、梁、楼板、楼梯应重叠堆放,重叠堆放的构件应采用垫木隔开,上、下垫木应在同一垂线上,其堆放高度应遵守以下规定:柱不宜超过2层;梁不宜超过3层;楼屋面预制板不宜超过6层;圆孔板不宜超过8层;堆垛间应留2m宽的通道;堆放预应力构件时,应根据构件起拱值的大小和堆放时间采取相应措施。

## 第四节 起重吊装安全措施

### 一、起重吊装安全专项方案的编制

装配整体式混凝土结构的起重吊装作业是一项技术性强、危险性大、需要多工种互相配合、互相协调、精心组织、统一指挥的特种作业,为了科学的施工,优质高效的完成吊装任务,根据《建筑施工组织设计规范》GB/T 50502—2009、《危险性较大的分部分项工程安全管理办法》(建质〔2009〕87号文),应编制起重吊装施工方案,保证起重吊装安全施工。

(一)起重吊装专项施工方案的编制

起重吊装专项施工方案的编制一般包括准备、编写、审批3个阶段。

1. 准备阶段

由施工单位专业技术人员收集与装配整体式混凝土结构起重作业有关的资料,确定施工方法和工艺,必要时还应召开专题会议对施工方法和工艺进行讨论。

2. 编写阶段

专项施工方案由施工单位组织专人或小组,根据确定的施工方法和工艺编制,编制人员应具有专业中级以上技术职称。

3. 审核阶段

专项施工方案应由施工单位技术部门组织本单位施工技术、安全、质量等部门的专业技术人员进行审核。经审核合格后,由施工单位技术负责人签字。实行总承包的,专项施工方案应当由总承包单位技术负责人及相关专业承包单位技术负责人签字。经施工单位审核合格后报监理单位,由项目总监理工程师审核签字。

(二)起重吊装专项施工方案的内容

1. 编制说明及依据

编制说明包括被吊构件的工艺要求和作用,被吊构件的质量、重心、几何尺寸、施工要求、安装部位等。编制依据列出所依据的法律法规、规范性文件、技术标准、施工组织设计和起重吊装设备的使用说明等,采用电算软件的,应说明方案计算使用的软件名称、版本。

2. 工程概况

简单描述工程名称、位置、结构形式、层高、建筑面积、起重吊装位置、主要构件质量和形状、进度要求等。主要说明施工平面布置、施工要求和技术保证条件。

3. 施工部署

描述包括施工进度计划、吊装任务的内容,根据吊装能力分析吊装时间与设备计划,根据工程量和劳动定额编制劳动力计划,包括专职安全员生产管理人员、特种作业人员(司机、信号指挥、司索工)等。

4. 施工工艺

详细描述运输设备、吊装设备选型理由、吊装设备性能、吊具的选择、验算预制构件强度、清查构件、查看运输线路、运输、堆放和拼装、吊装顺序、起重机械开行路线、起吊、就位、临时固定、校正、最后固定等。

5. 安全保证措施

根据现场实际情况分析吊装过程中应注意的问题,描述安全保障措施。

6. 应急措施

描述吊装过程中可能遇到的紧急情况和应采取的应对措施。

7. 计算书及相关图纸

主要包括起重机的型号选择验算、预制构件的吊装吊点位置和强度裂缝宽度验算、吊具的验算校正和临时固定的稳定验算、地基承载力的验算、吊装的平面布置图、开行路线图、预制构件卸载顺序图等。

**二、吊具和吊点**

预制混凝土构件吊点提前设计好,根据预留吊点选择相应的吊具。在起吊构件时,为了使构件稳定,不出现摇摆、倾斜、转动、翻倒等现象,就应该选择合适的吊具。无论采用几点吊装，都要始终使吊钩和吊具的连接点的垂线通过被吊构件的重心，它直接关系到吊装结果和操作安全。

吊具的选择必须保证被吊构件不变形、不损坏、起吊后不转动、不倾斜、不翻倒。吊具的选择应根据被吊构件的结构、形状、体积、质量、预留吊点以及吊装的要求，结合现场作业条件，确定合适的吊具。吊具选择必须保证吊索受力均匀。各承载吊索间的夹角一般不应大于60°，其合力作用点必须保证与被吊构件的重心在同一条铅垂线上，保证在吊运过程中吊钩与被吊构件的重心在同一条铅垂线上。在说明书中提供吊装图的构件，应按吊装图进行吊装。在异形构件装配时，可采用辅助吊点配合简易吊具调节物体所需位置的吊装法。当构件无设计吊钩（点）时，应通过计算确定绑扎点的位置。绑扎的方法应保证可靠和摘钩简便安全。以下为吊具的计算实例。

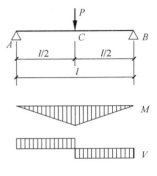

图 6-5 荷载受力形式

（一）梁的静力计算概况
（1）单跨梁形式：简支梁。
（2）荷载受力形式如图 6-5 所示。
（3）计算模型基本参数：长 $L=3.6\mathrm{m}$。
（4）集中力：标准值 $P_k = P_g + P_q = 64.2\mathrm{kN}$；
设计值 $P_d = P_g \times rG + P_q \times rQ = 67.2 \times 1.5 = 100.8\mathrm{kN}$

（二）受荷截面
（1）截面类型：等效于矩形管：$200 \times 140 \times 14$。
（2）截面特性：$I_x = 4584.12\mathrm{cm}^4$，$W_x = 458.41\mathrm{cm}^3$，$S_x = 258.82\mathrm{cm}^3$，$G = 68.58\mathrm{kg/m}$；
翼缘厚度 $t_f = 14\mathrm{mm}$，腹板厚度 $t_w = 14\mathrm{mm}$。

（三）相关参数
（1）材质：Q235。
（2）$x$ 轴塑性发展系数 $r_x$：1.05。
（3）梁的挠度控制 $[v]$：$L/250$。

（四）内力计算结果
（1）支座反力 $R_A = R_B = 50.4\mathrm{kN}$。
（2）支座反力 $R_B = P_d/2 = 50.4\mathrm{kN}$。
（3）最大弯矩 $M_{max} = P_d \times L/4 = 90.72\mathrm{kN \cdot m}$。

（五）强度及刚度验算结果
（1）弯曲正应力 $\sigma_{max} = M_{max}/r_x \times W_x = 188.48\mathrm{N/mm}^2$。
（2）$A$ 处剪应力 $\tau_A = R_A \times S_x/(I_x \times t_w) = 11.22\mathrm{N/mm}^2$。
（3）$B$ 处剪应力 $\tau_B = R_B \times S_x/(I_x \times t_w) = 11.22\mathrm{N/mm}^2$。
（4）最大挠度 $f_{max} = P_k \times L^3/48 \times 1/(E \times I) = 7.41\mathrm{mm}$。
（5）相对挠度 $v = f_{max}/L = 1/485.8$；
弯曲正应力 $\sigma_{max} = 188.48\mathrm{N/mm}^2 <$ 抗弯设计值 $f = 215\mathrm{N/mm}^2$；
支座最大剪应力 $\tau_{max} = 11.22\ \mathrm{N/mm}^2 <$ 抗剪设计值 $f_v = 120\mathrm{N/mm}^2$；

跨中挠度相对值 $v=L/485.8<$ 挠度控制值 $[v]=L/250$。

验算通过！

### 三、吊装过程中的安全措施

（一）吊装前的准备

根据《建筑施工起重吊装工程安全技术规范》JGJ 276—2012，施工单位应对从事预制构件吊装作业及相关人员进行安全培训与交底，明确预制构件、吊装、就位各环节的作业风险，并制定防止危险情况的措施。安装作业开始前，应对安装作业区做出明显的标识，划定危险区域，拉警戒线将吊装作业区封闭，并派专人看管，加强安全警戒，严禁与安装作业无关的人员进入吊装危险区。应定期对预制构件吊装作业所用的安装工器具进行检查，发现有可能存在的使用风险，应立即停止使用。吊机吊装区域内，非作业人员严禁进入。

（二）吊装过程中安全注意事项

吊运预制构件时，构件下方严禁站人，应待预制构件降落至地面1m以内方准作业人员靠近，就位固定后方可脱钩。构件应采用垂直吊运，严禁采用斜拉、斜吊，杜绝与其他物体的碰撞或钢丝绳被拉断的事故。在吊装回转、俯仰吊臂、起落吊钩等动作前，应鸣声示意。一次宜进行一个动作，待前一动作结束后，再进行下一动作。

吊起的构件不得长时间悬在空中，应采取措施将重物降落到安全位置。吊运过程应平稳，不应有大幅摆动，不应突然制动。回转未停稳前，不得做反向操作。采用抬吊时，应进行合理的负荷分配，构件质量不得超过两机额定起重量总和的75%，单机载荷不得超过额定起重量的80%。两机应协调起吊和就位，起吊的速度应平稳缓慢。双机抬吊是特殊的起重吊装作业，要慎重对待，关键是做到载荷的合理分配和双机动作的同步。因此，需要统一指挥。

吊车吊装时应观测吊装安全距离、吊车支腿处地基变化情况及吊具的受力情况。在风速达到12m/s及以上或遇到雨、雪、雾等恶劣天气时，应停止露天吊装作业。

下列情况下，不得进行吊装作业：

（1）工地现场昏暗，无法看清场地、被吊构件和指挥信号时；

（2）超载或被吊构件质量不清，吊索具不符合规定时；

（3）吊装施工人员饮酒后；

（4）捆绑、吊挂不牢或不平衡，可能引起滑动时；

（5）被吊构件上有人或浮置物时；

（6）结构或零部件有影响安全工作的缺陷或损伤时；

（7）遇有拉力不清的埋置物件时；

（8）被吊构件棱角处与捆绑绳间未加衬垫时。

（三）吊装后的安全措施

对吊装中未形成空间稳定体系的部分，应采取有效的临时固定措施。混凝土构件永久固定的连接，应经过严格检查，并确认构件稳定后，方可拆除临时固定措施。起重设备及其配合作业的相关机具设备在工作时，必须指定专人指挥。对混凝土构件进行移动、吊升、停止、安装时的全过程应用远程通信设备进行指挥，信号不明不得启动。重新作业前，应先试吊，并应确认各种安全装置灵敏可靠后进行作业。装配整体式混凝土结构在绑扎柱、墙钢筋时，应采用专用高凳作业，当高于围挡时，作业人员应佩戴穿芯自锁保险带。

（四）预制构件的吊装

1. 柱的吊装

柱的起吊方法应符合施工组织设计规定。柱就位后，必须将柱底落实，初步校正垂直后，较宽面的两侧用钢斜撑进行临时固定。对重型柱或细长柱以及多风或风大地区，在柱子上部应采取稳妥的临时固定措施，确认牢固可靠后，方可指挥脱钩。校正柱后，及时对连接部位注浆。混凝土强度达到设计强度75％时，方可拆除斜撑。

2. 梁的吊装

梁的吊装应在柱永久固定安装后进行。吊车梁的吊装，应采用支撑撑牢或用8号铁丝将梁捆于稳定的构件上后，方可摘钩。应在梁吊装完，也可在屋面构件校正并最后固定后进行。校正完毕后，应立即焊接或机械连接固定。

3. 板的吊装

吊装预制板时，宜从中间开始向两端进行，并应按先横墙后纵墙，先内墙后外墙，最后隔断墙的顺序逐间封闭吊装。预制板宜随吊随校正。就位后偏差过大时，应将预制板重新吊起就位。就位后应及时在预制板下方用独立钢支撑或钢管脚手架顶紧，及时绑扎上皮钢筋及各种配管，浇筑混凝土形成叠合板体系。

外墙板应在焊接固定后方可脱钩，内墙和隔墙板可在临时固定可靠后脱钩。校正完后，应立即焊接预埋筋，待同一层墙板吊装和校正完后，应随即浇筑墙板之间立缝作最后固定。梁混凝土强度必须达到75％以上，方可吊装楼层板。

外墙板的运输和吊装不得用钢丝绳兜吊，并严禁用铁丝捆扎。挂板吊装就位后，应与主体结构（如柱、梁或墙等）临时或永久固定后方可脱钩。

4. 楼梯吊装

楼梯安装前应支楼梯支撑，且保证牢固可靠，楼梯吊运时，应保证吊运路线内不得站人，楼梯就位时操作人员应在楼梯两侧，楼梯对接永久固定以后，方可拆除楼梯支撑。

**四、高处作业安全注意事项**

（1）根据《建筑施工高处作业安全技术规范》JGJ 80的规定，预制构件吊装前，吊装作业人员应穿防滑鞋、戴安全帽。预制构件吊装过程中，高空作业的各项安全检查不合格时，严禁高空作业。使用的工具和零配件等，应采取防滑落措施，严禁上下抛掷。构件起吊后，构件和起重臂下面，严禁站人。构件应匀速起吊，平稳后方可钩住，然后使用辅助性工具安装。

（2）安装过程中的攀登作业需要使用梯子时，梯脚底部应坚实，不得垫高使用，折梯使用时上部夹角以35°～45°为宜，设有可靠的拉撑装置，梯子的制作质量和材质应符合规范要求。安装过程中的悬空作业处应设置防护栏杆或其他可靠的安全措施，悬空作业所使用的索具、吊具、料具等设备应为经过技术鉴定或验证、验收的合格产品。

（3）梁、板吊装前在梁、板上提前将安全立杆和安全维护绳安装到位，为吊装时工人佩戴安全带提供连接点。吊装预制构件时，下方严禁站人和行走。在预制构件的连接、焊接、灌缝、灌浆时，离地2m以上框架、过梁、雨篷和小平台，应设操作平台，不得直接站在模板或支撑件上操作。安装梁和板时，应设置临时支撑架，临时支撑架调整时，需要两人同时进行，防止构件倾覆。

（4）安装楼梯时，作业人员应在构件一侧，并应佩挂安全带，并应严格遵守高挂低用。

（5）外围防护一般采用外挂架，架体高度要高于作业面，作业层脚手板要铺设严密。架体外侧应使用密目式安全网进行封闭，安全网的材质应符合规范要求，现场使用的安全网必须是符合国家标准的合格产品。

（6）在建工程的预留洞口、楼梯口、电梯井口应有防护措施，防护设施应铺设严密，符合规范要求，防护设施应达到定型化、工具化，电梯井内应每隔两层（不大于10m）设置一道安全平网。

（7）通道口防护应严密、牢固，防护棚两侧应设置防护措施，防护棚宽度应大于通道口宽度，长度应符合规范要求，建筑物高度超过30m时，通道口防护顶棚应采用双层防护，防护棚的材质应符合规范要求。

（8）存放辅助性工具或者零配件需要搭设物料平台时，应有相应的设计计算，并按设计要求进行搭设，支撑系统必须与建筑结构进行可靠连接，材质应符合规范及设计要求，并应在平台上设置荷载限定标牌。

（9）预制梁、楼板及叠合受弯构件的安装需要搭设临时支撑时，所需钢管等需要悬挑式钢平台来存放，悬挑式钢平台应有相应的设计计算，并按设计要求进行搭设，搁置点与上部拉结点，必须位于建筑结构上，斜拉杆或钢丝绳应按要求两边各设置前后两道，钢平台两侧必须安装固定的防护栏杆，并应在平台上设置荷载限定标牌，钢平台台面、钢平台与建筑结构间铺板应严密、牢固。

（10）安装管道时必须有已完结构或操作平台作为立足点，严禁在安装中的管道上站立和行走。移动式操作平台的面积不应超过10m²，高度不应超过5m，移动式操作平台轮子与平台连接应牢固、可靠，立柱底端距地面高度不得大于80mm，操作平台应按规范要求进行组装，铺板应严密，操作平台四周应按规范要求设置防护栏杆，并设置登高扶梯，操作平台的材质应符合规范要求。

（11）安装门、窗，油漆及安装玻璃时，严禁操作人员站在樘子、阳台栏板上操作。门、窗临时固定，封填材料未达到强度，以及电焊时，严禁手拉门、窗进行攀登。在高处外墙安装门、窗，无外脚手时，应张挂安全网。无安全网时，操作人员应系好安全带，其保险钩应挂在操作人员上方的可靠物件上。进行各项窗口作业时，操作人员的重心应位于室内，不得在窗台上站立，必要时应系好安全带进行操作。

## 第五节　模板支撑架与防护架

**一、支撑架**

支撑架包括内支撑架、独立支撑、剪力墙临时支撑。装配式结构中预制柱、预制剪力墙临时固定一般用斜钢支撑；叠合楼板、阳台等水平构件一般用独立钢支撑或钢管脚手架支撑。

（一）内支撑架

（1）装配整体式混凝土结构的模板与支撑应根据施工过程中的各种工况进行设计，应具有足够的承载力、刚度,并应保证其整体稳固性,见图6-6。

图6-6 装配整体式混凝土结构的模板与支撑

(2)模板与支撑安装应保证工程结构构件各部分的形状、尺寸和位置的准确,模板安装应牢固、严密、不漏浆,且应便于钢筋敷设和混凝土浇筑、养护。

(二)独立支撑

(1)叠合楼板施工应符合下列规定:

1)叠合楼板的预制底板安装时,可采用钢支柱及配套支撑,钢支柱及配套支撑应进行设计计算;

2)宜选用可调整标高的定型独立钢支柱作为支撑,钢支柱的顶面标高应符合设计要求;

3)应准确控制预制底板搁置面的标高;

4)浇筑叠合层混凝土时,预制底板上部应避免集中堆载。

叠合楼板施工见图6-7。

图6-7 叠合楼板施工

(2)叠合梁施工应符合下列规定:

1)预制梁下部的竖向支撑可采用钢支撑,支撑位置与间距应根据施工验算确定;

2)预制梁竖向支撑宜选用可调标高的定型独立钢支撑;

3) 预制梁的搁置长度及搁置面的标高应符合设计要求。

注：叠合梁下部支撑设置应综合考虑构件施工过程各工况确认与验算。

（3）预制梁柱节点区域后浇筑混凝土部分采用定型模板支模时，宜采用螺栓与预制构件可靠连接固定，模板与预制构件之间应采取可靠的密封防漏浆措施。

叠合梁施工见图 6-8。

图 6-8 叠合梁施工

（三）预制柱、预制剪力墙临时支撑

（1）安装预制墙板、预制柱等竖向构件时，应采用可调斜支撑临时固定，见图 6-9；斜支撑的位置应避免与模板支架、相邻支撑冲突。

图 6-9 可调斜支撑临时固定

（2）夹心保温外剪力墙板竖缝采用后浇混凝土连接时，宜采用工具式定型模板支撑，并应符合下列规定：

1) 定型模板应通过螺栓或预留孔洞拉结的方式与预制构件可靠连接；
2) 定型模板安装应避免遮挡预制墙板下部灌浆预留孔洞；
3) 夹芯墙板的外叶板应采用螺栓拉结或夹板等加强固定；
4) 墙板接缝部位及与定型模板连接处均应采取可靠的密封防漏浆措施。

（3）采用预制保温板作为免拆除外墙模板进行支模时，预制外墙模板的尺寸参数及与相邻外墙板之间拼缝宽度应符合设计要求。安装时与内侧模板或相邻构件应连接牢固并采取可靠的密封防漏浆措施。

采用预制外墙模板时，应符合建筑与结构设计的要求，以保证预制外墙板符合外墙装饰要求并在使用过程中结构安全可靠。预制外墙模板与相邻预制构件安装定位后，为防止浇筑混凝土时漏浆，需要采取有效的密封措施。

### 二、外防护架

装配整体式混凝土结构外防护架为新兴配套产品，充分体现了节能、降耗、环保、灵活等特点，目前常用的外墙防护架为悬挂在外剪力墙上，主要解决房建结构平立面防护以及立面垂直方向简单的操作问题。装配整体式混凝土结构在施工过程中所需要的外防护架与现浇结构的外墙脚手架相比，架体灵巧、拆分简便、整体拼装牢固，根据现场实际情况便于操作，可多次重复使用。外防护架见图6-10。

图6-10 外防护架

（一）外防护架构造

外防护架通常采用角钢焊接架体，三角形架体采用槽钢；设置钢管防护采用普通钢管，扣件采用普通直角扣件。还需准备脚手板、钢丝网等一般脚手架所用的材料。

脚手架操作平台设置：在相邻每榀三脚架间采用角钢焊接成骨架，骨架之间采用每隔一定距离，设置钢筋与角钢焊接架体。

外防护架防护采用钢管进行围护：在临边处搭设高度为1.2m的钢管防护，立杆设置间距不大于1.8m，水平杆设置三道，并悬挂安全防护网；立杆与外防护架体采用焊接的方式进行连接。在离操作平台0.2m范围内设置挡脚板，见图6-11。

（二）外防护架计算实例

1. 参数信息如下：

（1）基本参数

因墙板最大为4.2m，所以三脚架纵向间距$l_a$最大为1.8m；所以4.2m墙上有4个三脚架；三脚架宽度为0.70m；外防护架搭设高度为1.20m；立杆步距1.5m；横杆间距0.50m；三脚架高度$h$为0.70m；两颗螺母最大防护距离为1.8m，即最大外防护架自重为角钢质量：3.37×3.6＝12.132kg；三脚架质量：5.44×2.38×2＝25.8944kg；钢管质量：7.8×3.841＝29.9598kg；钢筋骨架 4kg；脚手板自重 4.5kg；上人活荷载 200kg。

（2）材料参数

三脚架采用 5mm 厚槽钢进行焊接，上部采用 L50×5 的角钢进行焊接，内配 $\phi$18 的三级钢间距 500mm 形成骨架，骨架面层铺设 50mm 厚脚手板，进行满铺。焊接时焊缝必须饱满。

（3）荷载参数

本外防护架使用过程中，三脚架的自重荷载为 2.000kN，安全网自重为 0.005kN/m²，脚手板采用木脚手板，自重为 0.350kN/m²，施工均布荷载为 2.22kN/m²。

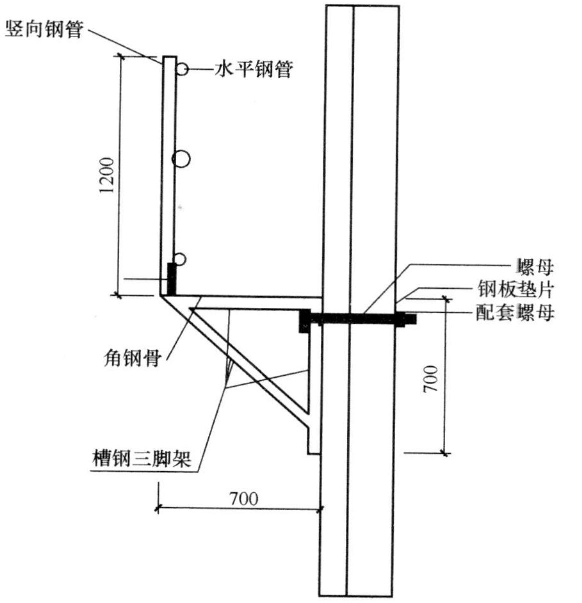

图 6-11 外防护架构造示意图

（4）挂架对墙体的影响

本工程挂架是墙体后浇带浇筑完成后进行外防护挂架的提升，由于墙体已经连成整体，此种情况下外防护挂架只存在自重，对于墙体不存在影响。

外挂架计算，以单榀三脚架为计算单元，将挂架视为桁架，视各杆件之间的节点为铰接点，各杆件只承受轴力作用。计算时将作用在挂架上的所有荷载转化为作用在节点上的集中力，进行计算。

2. 荷载计算

（1）操作人员荷载 $q_1$＝3.284918kN/m²（1kN/m²＝102kg/m²）。上面只走人，不准堆放任何材料。

（2）外挂架自重

立杆的自重为 0.149kN/m，每一开间内的立杆排数为 $l_a/b$＝4.2/2＝3，得到立杆排数为 4；外防护架自重为：

$$q_2=(4\times1.20\times0.149+4\times4.2\times0.149)/(4.2\times0.90)=0.85143\text{kN/m}^2;$$

（3）钢丝网自重 $q_3$＝1.2×4.2×0.005/（4.2×0.90）＝0.00667kN/m²；

（4）脚手板自重 $q_4$＝0.350kN/m²；

（5）每榀三脚架自重 $q_5$＝0.069kN；

总荷载为 $q$＝1.2×（$q_2+q_3+q_4+q_5$）＝1.53252kN/m²。

3. 计算简图

计算简图见图 6-12。

计算时考虑两种情况：

第一种情况：挂架上的荷载为均匀分布，化为节点集中荷载，则为：

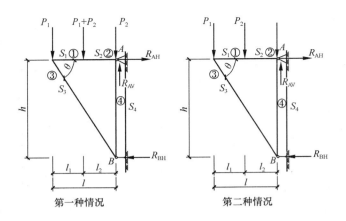

图 6-12 计算简图

$P_1+P_2=q×0.90×l_a/2=(1.53252×0.90×2)/2=1.379268$ kN;

第二种情况：荷载的分布偏于外防护架外侧时，单位面积上的荷载化为节点集中荷载，$P_1=P_2=q×0.90×l_a/2=(1.53252×0.90×2)/2=1.379268$ kN。

4. 杆件内力计算

其中，第二种情况为最不利的情况，以该情况下的杆件内力进行强度校核。

计算过程及结果如下：

（1）挂架的支座反力

$$R_{AV}=P_1+P_2=2.758536 \text{kN}$$

$R_{AH}=R_{BH}=[P_1×0.9+P_2×0.45]/h=[1.379268×0.9+1.379268×0.45]/0.900=2.068902$ kN。

（2）各杆件的轴向力计算，用截面法，求出桁架中各杆件的轴向力。根据桁架各杆件的几何关系可知：

$\theta=\arctan(H/l)=45.0°$；

$S_1=S_2=P×\cot\theta=8.279$ kN（拉杆）；

$S_3=-P/\sin\theta=-11.709$ kN（压杆）；

$S_4=R_{BH}×\tan\theta=2.62297$ kN（拉杆）。

（3）截面强度验算

对于①、②杆件，杆件承受拉力，$S_1=S_2=8.279$ kN，采用的材料是 5 号双槽钢，截面面积为 $A=13.86$ cm²。

考虑到杆件之间连接的焊缝有一定的偏心，其容许内力乘以 0.95 的折减系数。

$\sigma=S_1/A=8279/1386=5.97$ N/mm² $<0.95f=0.95×215=204.250$ N/mm²。

①、②杆件材料的强度能够满足要求。

对于④杆件，杆件承受拉力，$S_4=2.62297$ kN，采用的材料是 5 号双槽钢，截面面积为 $A=13.86$ cm²。

④杆件材料的受拉应力 $\sigma=S_4/A=2622.97/1386=1.892$ N/mm² $<0.95f=0.95×215=204.250$ N/mm²。

④杆件材料的强度能够满足要求。

杆件的计算长度为：$l_0 = H = 0.7 \times 1000 = 700$mm；

材料的长细比 $\lambda = l_0/i = 36 < [\lambda] = 400$（《钢结构设计规范》GB 50017—2003）。

④杆件材料的长细比能够满足要求。

对于③杆件，杆件承受压力，其最大内力 $S_3 = -11.709$kN，采用的材料是 5 号槽钢，截面面积为 $A = 13.86$cm²。

根据《钢结构设计规范》GB 50017—2003，该杆件在平面外的计算长度为：$l_0 = h/\sin\theta = 990$mm，回转半径为 $i = 1.53$cm，杆件材料的长细比 $\lambda = l_0/i = 65 < [\lambda] = 150$（《钢结构设计规范》GB 50017—2003）。

查《钢结构设计规范》GB 50017—2003 附录 C 表 C-2，得 $\phi = 0.90$，则：

$$\sigma = 13.202/(\phi \times A) = 15.297\text{N/mm}^2 < 0.95f = 0.95 \times 215 = 204.250\text{N/mm}^2$$

故③杆件在强度和容许长细比方面均满足要求。

5. 焊缝强度验算

取腹杆中内力最大的杆件 $s_7$ 进行计算，$s_7 = 9.335$kN，根据《钢结构设计规范》GB 50017—2003 表 3.4.1-3，焊缝的轴心拉力或压力应满足以下条件：

$$\sigma = N/(l_w \times t') \leqslant f_w$$

式中　$N$——杆件内力值，$N = s_4 = 2.62297$kN；

　　　$l_w$——焊缝的长度；

　　　$f_w$——角焊缝的抗拉、抗压和抗剪强度设计值，取为 160N/mm²；

　　　$t'$——焊缝的有效厚度，$t' = 0.5 \times t = 5.000$mm。

$$\sigma = 2.62297 \times 1000/(40.00 \times 5.000) = 13.1149\text{N/mm}^2 < 160\text{N/mm}^2$$

所以焊缝的强度满足要求。

6. 支座强度验算

（1）支座 A 采用 $\phi$28 挂架螺栓强度等级为 4.8，挂架螺栓面积为 $A = \pi d^2/4 = 615.44$mm²。

对挂架螺栓受拉验算：

$$R_{AH} = 3.71\text{kN}, \quad N_{tb} = 170.000\text{kN},$$

$$N_t = R_{AH}/A = 3710/615.44 = 6.028\text{N/mm}^2 < 170.000\text{N/mm}^2;$$

螺栓的受拉应力满足要求。

对挂架螺栓受剪验算：

$$R_{AV} = 4.948\text{kN}, \quad N_{vb} = 120.000\text{kN},$$

$$N_v = R_{AV}/A = 4948/615.44 = 8.04\text{N/mm}^2 < 120.000\text{N/mm}^2;$$

螺栓的受剪应力满足要求。

对于同时承受杆轴方向拉力和剪力的普通螺栓，应满足以下条件：

$$[(N_v/N_{vb})^2 + (N_t/N_{tb})^2]^{1/2} \leqslant 1$$

式中　$N_t$，$N_v$——普通螺栓所承受的拉力和剪力；

　　　$N_{tb}$，$N_{vb}$——普通螺栓的受拉和受剪承载力设计值。

将数据代入公式计算得到 $0.141 < 1$；

螺栓的综合应力满足要求。

（2）A 支座处混凝土的局部受压验算

安装挂架时墙体的混凝土强度为 $f = 1.200$N/mm²；

$R_{AH}=3.71\text{kN}$,钢垫板的面积为 $A=10000.00\text{mm}^2$;

则此时的混凝土抗压承载力为:

$\sigma=R_{AH}/A=3710/10000.00=0.371\text{N}/\text{mm}^2 < f=1.200\text{N}/\text{mm}^2$;

所以安装挂架时的混凝土的承载力满足要求。

(三)外防护架施工安全操作工序

外防护架施工安全操作工序见图6-13。

(1)预制墙板预留孔清理:在搭设外防护架前先对照图纸对墙体预制构件的预留孔洞进行清理,保证其通顺、位置正确;检查无误后方可进行外防护架搭设。

(2)外防护架与主体结构连接:三角挂架靠墙处采用螺母与预制墙体进行连接。三角挂架靠墙处下部直接支顶在结构外墙上。安装时首先将外防护架用螺母与预制墙体进行连接,使用钢板垫片与螺帽进行连接并拧紧。

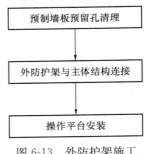

图6-13 外防护架施工安全操作工序

(3)操作平台安装:铺设木制多层板,用12号铁镀锌钢丝与钢筋骨架绑扎牢固。与墙之间不应有缝隙。脚手板应对接铺设,对接接头处设置钢筋骨架加强,两步架体水平间距不大于5cm。两步架体外防护处应用钢管进行封闭。

(4)挂架分组安装完毕后,应检查每个挂架连接件是否锁紧,检查组与组相交处连接钢管是否交叉,确认无误后方可进行下步施工。操作人员在安拆过程中安全带要挂在上部固定点处。

(四)外防护架提升

操作人员在穿钢绳挂钩过程中需要系好安全带,在提升过程中外防护架上严禁站人。外架提升时应在地上组装好外架(按图纸长度组装好),检查外架是否与图纸有偏差、吊点和外架焊接是否牢固。如发现有问题及时处理,处理好后再进行提升外架作业。挂架提升时,外墙上预留洞口必须先清理完毕。必须先挂好吊钩,然后提升架体,提升时设一道"安全绳",确保操作人员安全,当架体吊到相应外墙预留穿墙孔洞时,停稳后,再用穿墙螺杆拧紧后再摘取挂钩钢绳。坠落范围内设警戒区专人看护。严格控制各组挂架的同步性,不能同步时必须在外防护架楼层设置防护栏杆、挂钢丝密目网进行封闭。外防护架提升前必须进行安全交底。

**三、模板与支撑拆除**

(一)模板拆除

(1)模板拆除时,可采取先拆非承重模板、后拆承重模板的顺序。水平结构模板应由跨中向两端拆除,竖向结构模板应自上而下进行拆除。

(2)多个楼层间连续支模的底层支架拆除时间,应根据连续支模的楼层间荷载分配和后浇混凝土强度的增长情况确定。

(3)当后浇混凝土强度能保证构件表面及棱角不受损伤时,方可拆除侧模模板。

(二)支撑拆除

叠合构件的后浇混凝土同条件立方体抗压强度达到设计要求时,方可拆除龙骨及下一层支撑;当设计无具体要求时,同条件养护的后浇混凝土立方体试件抗压强度应符合以下规定:

（1）预制墙板斜支撑和限位装置应在连接节点和连接接缝部位后浇混凝土或灌浆料强度达到设计要求后拆除；当设计无具体要求时，后浇混凝土或灌浆料应达到设计强度的75％以上方可拆除。

（2）预制柱斜支撑应在预制柱与连接节点部位后浇混凝土或灌浆料强度达到设计要求且上部构件吊装完成后进行拆除。

（3）拆除的模板和支撑应分散堆放并及时清运。应采取措施避免施工集中堆载。

## 第六节 绿 色 施 工

### 一、绿色施工概述

（一）绿色施工简介

绿色施工是指工程建设中，在保证质量、安全等基本要求的前提下，通过科学管理和技术进步，最大限度地节约资源与减少对环境负面影响的施工活动，实现四节一环保（节能、节地、节水、节材和环境保护）。

（二）绿色施工提出的背景

绿色施工是可持续发展思想在工程施工中的应用体现，是绿色施工技术的综合应用。绿色施工技术并不是独立于传统施工技术的全新技术，而是用"可持续"的眼光对传统施工技术的重新审视，是符合可持续发展战略的施工技术。

（三）绿色施工要求节水节电节能节地和环保

绿色施工并不是很新的思维途径，承包商以及建设单位为了满足政府及大众对文明施工、环境保护及减少噪声的要求，为了提高企业自身形象，一般均会采取一定的技术来降低施工噪声、减少施工扰民、减少环境污染等，尤其在政府要求严格、大众环保意识较强的城市进行施工时，这些措施一般会比较有效。但是，大多数承包商在采取这些绿色施工技术时是比较被动、消极的，对绿色施工的理解也是比较单一的，还不能够积极主动的运用适当的技术、科学的管理方法以系统的思维模式、规范的操作方式从事绿色施工。事实上，绿色施工并不仅仅是指在工程施工中实施封闭施工，没有尘土飞扬，没有噪声扰民，在工地四周栽花、种草，实施定时洒水等这些内容，还包括了其他大量的内容。它同绿色设计一样，涉及可持续发展的各个方面，如生态与环境保护、资源与能源利用、社会与经济发展等。真正的绿色施工应当是将"绿色方式"作为一个整体运用到施工中去，将整个施工过程作为一个微观系统进行科学的绿色施工组织设计。绿色施工技术除了文明施工、封闭施工、减少噪声扰民、减少环境污染、清洁运输等外，还包括减少场地干扰、尊重基地环境，结合气候施工，节约水、电、材料等资源或能源，环保健康的施工工艺，减少填埋废弃物的数量，以及实施科学管理、保证施工质量等。

大多数承包商注重按承包合同、施工图纸、技术要求、项目计划及项目预算完成项目的各项目标，没有运用现有的成熟技术和高新技术充分考虑施工的可持续发展，绿色施工技术并未随着新技术、新管理方法的运用而得到充分的应用。施工企业更没有把绿色施工能力作为企业的竞争力，未能充分运用科学的管理方法采取切实可行的行动做到保护环境、节能、节地、节水、节材。

## 二、绿色施工的内容

### (一) 减少场地干扰、尊重基地环境

工程施工过程会严重扰乱场地环境,这一点对于未开发区域的新建项目尤其严重。场地平整、土方开挖、施工降水、永久及临时设施建造、场地废物处理等均会对场地上现存的动植物资源、地形地貌、地下水位等造成影响;还会对场地内现存的文物、地方特色资源等带来破坏,影响当地文脉的继承和发扬。因此,施工中减少场地干扰、尊重基地环境对于保护生态环境,维持地方文脉具有重要的意义。业主、设计单位和承包商应当识别场地内现有的自然、文化和构筑物特征,并通过合理的设计、施工和管理工作将这些特征保存下来。可持续的场地设计对于减少这种干扰具有重要的作用。就工程施工而言,承包商应结合业主、设计单位对承包商使用场地的要求,制定满足这些要求的、能尽量减少场地干扰的场地使用计划。计划中应明确:

(1) 场地内哪些区域将被保护、哪些植物将被保护,并明确保护的方法。

(2) 怎样在满足施工、设计和经济方面要求的前提下,尽量减少清理和扰动的区域面积,尽量减少临时设施、减少施工用管线。

(3) 场地内哪些区域将被用作仓储和临时设施建设,如何合理安排承包商、分包商及各工种对施工场地的使用,减少材料和设备的搬动。

(4) 各工种为了运送、安装和其他目的对场地通道的要求。

(5) 废物将如何处理和消除,如有废物回填或填埋,应分析其对场地生态、环境的影响。

(6) 怎样将场地与公众隔离。

### (二) 结合气候施工

承包商在选择施工方法、施工机械,安排施工顺序,布置施工场地时应结合气候特征。这可以减少因为气候原因而带来施工措施的增加,资源和能源用量的增加,有效地降低施工成本;可以减少因为额外措施对施工现场及环境的干扰;有利于施工现场环境质量品质的改善和工程质量的提高。

承包商要能做到结合气候施工,首先要了解现场所在地区的气象资料及特征,主要包括:降雨、降雪资料,如:全年降雨量、降雪量、雨季起止日期、一日最大降雨量等;气温资料,如年平均气温、最高、最低气温及持续时间等;风的资料,如风速、风向和风的频率等。

结合气候施工的主要体现有:

(1) 承包商应尽可能合理的安排施工顺序,使会受到不利气候影响的施工工序能够在不利气候来临时完成。如在雨季来临之前,完成土方工程、基础工程的施工,以减少地下水位上升对施工的影响,减少其他需要增加的额外雨期施工保证措施。

(2) 安排好全场性排水、防洪,减少对现场及周边环境的影响。

(3) 施工场地布置应结合气候,符合劳动保护、安全、防火的要求。产生有害气体和污染环境的加工场(如沥青熬制、石灰熟化)及易燃的设施(如木工棚、易燃物品仓库)应布置在下风向,且不危害当地居民;起重设施的布置应考虑风、雷电的影响。

(4) 在冬期、雨期、风期、夏期施工中,应针对工程特点,尤其是对混凝土工程、土方工程、深基础工程、水下工程和高空作业等,选择合适的季节性施工方法或有效措施。

（三）节约资源（能源）

建设项目通常要使用大量的材料、能源和水资源。减少资源的消耗，节约能源，提高效益，保护水资源是可持续发展的基本观点。施工中资源（能源）的节约主要有以下几方面内容：

（1）水资源的节约利用。通过监测水资源的使用，安装小流量的设备和器具，在可能的场所重新利用雨水或施工废水等措施来减少施工期间的用水量，降低用水费用。

（2）节约电能。通过监测利用率，安装节能灯具和设备、利用声光传感器控制照明灯具，采用节电型施工机械，合理安排施工时间等减少用电量，节约电能。

（3）减少材料的损耗。通过更仔细的采购，合理的现场保管，减少材料的搬运次数，减少包装，完善操作工艺，增加摊销材料的周转次数等降低材料在使用中的消耗，提高材料的使用效率。

（4）可回收资源的利用。可回收资源的利用是节约资源的主要手段，也是当前应加强的方向。主要体现在两个方面，一是使用可再生的或含有可再生成分的产品和材料，这有助于将可回收部分从废弃物中分离出来，同时减少了原始材料的使用，即减少了自然资源的消耗；二是加大资源和材料的回收利用、循环利用，如在施工现场建立废物回收系统，再回收或重复利用拆除时得到的材料，这可减少施工中材料的消耗量或通过销售来增加企业的收入，也可降低企业运输或填埋垃圾的费用。

（5）节约土地。合理布置施工场地，减少加工场地和预制构件堆放场地是节约土地的措施。

（四）减少环境污染，提高环境品质

工程施工中产生的大量扬尘、噪声、有毒有害气体、建筑垃圾以及水污染和光污染等会对环境品质造成严重的影响，也将有损于现场工作人员、使用者以及公众的健康。因此，减少环境污染，提高环境品质也是绿色施工的基本原则。提高与施工有关的室内外空气品质是该原则的最主要内容。施工过程中，扰动建筑材料和系统所产生的扬尘，从材料、产品、施工设备或施工过程中散发出来的挥发性有机化合物或微粒均会引起室内外空气品质问题。这些挥发性有机化合物或微粒会对健康构成潜在的威胁和损害，需要特殊的安全防护。这些威胁和损伤有些是长期的，甚至是致命的。而且在建造过程中，这些空气污染物也可能会渗入邻近的建筑物，并在施工结束后继续留在建筑物内。这种影响尤其对那些需要在房屋使用者在场的情况下进行施工的改建项目更需引起重视。常用的提高施工场地空气品质的绿色施工技术措施有：

（1）制定有关室内外空气品质的施工管理计划。

（2）使用低挥发性的材料或产品。

（3）安装局部临时排风或局部净化和过滤设备。

（4）进行必要的绿化，经常洒水清扫，防止建筑垃圾堆积在建筑物内，贮存好可能造成污染的材料。

（5）采用更安全、健康的建筑机械或生产方式，如用商品混凝土代替现场混凝土搅拌，可大幅度地消除粉尘污染。

（6）合理安排施工顺序，尽量减少一些建筑材料，如地毯、顶棚饰面等对污染物的吸收。

（7）对于施工时仍在使用的建筑物而言，应将有毒的工作安排在非工作时间进行，并与通风措施相结合，在进行有毒工作时以及工作完成以后，用室外新鲜空气对现场通风。

（8）对于施工时仍在使用的建筑物而言，将施工区域保持负压或升高使用区域的气压会有助于防止空气污染物污染使用区域。

对于噪声的控制也是防止环境污染，提高环境品质的一个方面。当前中国已经出台了一些相应的规定对施工噪声进行限制。绿色施工也强调对施工噪声的控制，以防止施工扰民。合理安排施工时间，实施封闭式施工，采用现代化的隔离防护设备，采用低噪声、低振动的建筑机械如无声振捣设备等是控制施工噪声的有效手段。

（五）实施科学管理、保证施工质量

实施绿色施工，必须要实施科学管理，提高企业管理水平，使企业从被动地适应转变为主动的响应，使企业实施绿色施工制度化、规范化。这将充分发挥绿色施工对促进可持续发展的作用，增加绿色施工的经济性效果，增加承包商采用绿色施工的积极性。企业通过ISO14001认证是提高企业管理水平，实施科学管理的有效途径。

实施绿色施工，应尽可能减少场地干扰，提高资源和材料利用效率，增加材料的回收利用等，但采用这些手段的前提是要确保工程质量。好的工程质量，可延长项目寿命，降低项目日常运行费用，利于使用者的健康和安全，促进社会经济发展，本身就是可持续发展的体现。

**三、安全文明施工**

（1）在临时设施建设方面，现场搭建活动房屋之前应按规划部门的要求办理相关手续。建设单位和施工单位应选用高效保温隔热、可拆卸循环使用的材料搭建施工现场临时设施，并取得产品合格证后方可投入使用。工程竣工后一个月内，选择有合法资质的拆除公司将临时设施拆除。

（2）在限制施工降水方面，建设单位或者施工单位应当采取相应方法，隔断地下水进入施工区域。因地下结构、地层及地下水、施工条件和技术等原因，使得采用基坑封闭降水很难实施或者虽能实施，但增加的工程投资明显不合理的，施工降水方案经过专家评审并通过后，可以采用压力回灌技术等方法。

（3）在控制施工扬尘方面，工程土方开挖前施工单位应按要求，做好洗车池和冲洗设施、建筑垃圾和生活垃圾分类密闭存放装置、沙土覆盖、工地路面硬化和生活区绿化美化等工作。

（4）在渣土绿色运输方面，施工单位应按照要求，选用已办理"散装货物运输车辆准运证"的车辆，持"渣土运输许可证"从事渣土运输作业。

（5）在降低声、光污染方面，建设单位、施工单位在签订合同时，注意施工工期安排及已签合同施工延长工期的调整，应尽量避免夜间施工。因特殊原因确需夜间施工的，必须到工程所在地区建委办理夜间施工许可证，施工时要采取封闭措施降低施工噪声并尽可能减少强光对居民生活的干扰。

# 第七章 技术资料与工程验收

## 第一节 装配整体式混凝土结构施工验收划分

装配整体式混凝土结构施工验收与传统建筑施工验收的大致程序是一致的，仍按照混凝土结构子分部工程进行验收，其中的装配式结构部分作为装配式结构分项工程进行验收。但是由于装配整体式混凝土结构采用的施工工艺与传统建筑不同，尤其是采用了大量的部品及预制构件，这就导致了装配整体式混凝土结构在施工中会产生一系列具有装配式特点的资料。在本章中将会重点介绍装配整体式混凝土结构与传统建筑相区别的验收内容与相关技术资料。

装配整体式混凝土结构施工质量验收依据国家规范划分为单位（子单位）工程、分部（子分部）工程、分项工程和检验批来进行，装配整体式混凝土结构有关预制构件的相关工序可作为装配式结构分项工程进行资料整理。按照国家和地方规范、规程对于工程技术资料的整理原则，预制构件的技术资料当以体现整个生产过程中所使用材料以及不同材料组合半成品、成品的质量过程可追溯为原则。其中涉及装配整体式混凝土结构工程特点与目前规范要求不一致之处，当以各地区相关规定为准。

装配整体式混凝土结构施工质量验收合格标准叙述如下。

（1）检验批质量验收合格应符合下列规定：
1) 主控项目的质量经抽样检验均应合格；
2) 一般项目的质量经抽样检验合格。当采用计数抽样时，合格点率应符合有关专业验收规范的规定，且不得存在严重缺陷；
3) 具有完整的施工操作依据、质量验收记录。

（2）分项工程质量验收合格应符合下列规定：
1) 所含检验批的质量均应验收合格；
2) 所含检验批的质量验收记录应完整。

（3）分部（子分部）工程质量验收合格应符合下列规定：
1) 子分部工程所含分项工程的质量均应验收合格；
2) 质量控制资料均应完整；
3) 有关安全及功能的检验和抽样检测结果应符合有关规定；
4) 观感质量验收应符合要求。

（4）单位（子单位）工程质量验收合格应符合下列规定：
1) 单位（子单位）工程所含分部（子分部）工程的质量均应验收合格；
2) 质量控制资料应完整；
3) 单位（子单位）工程所含分部工程有关安全和功能的检测资料应完整；
4) 主要功能项目的抽查结果应符合相关专业质量验收规范的规定；

5）观感质量验收应符合要求。

## 第二节 构件进场检验和安装验收

预制构件生产企业应配备满足工作需求的质检员，质检员应具备相应的工作能力和建设主管部门颁发的上岗资格证书。预制构件在工厂制作过程中应进行生产过程质量检查、抽样检验和构件质量验收，并按相关规范的要求做好检查验收记录，见表7-1、表7-2。

混凝土结构主体结构工程一览表　　　　　表7-1

| 序号 | 子分部工程 | 分项工程 | 检验批名称 |
| --- | --- | --- | --- |
| 1 | 混凝土结构 | 模板（01） | 模板安装检验批质量验收记录 |
| 2 | | | 模板拆除检验批质量验收记录 |
| 3 | | 钢筋（02） | 钢筋原材料检验批质量验收记录 |
| 4 | | | 钢筋加工检验批质量验收记录 |
| 5 | | | 钢筋连接检验批质量验收记录 |
| 6 | | | 钢筋安装检验批质量验收记录 |
| 7 | | 混凝土（03） | 混凝土原材料检验批质量验收记录 |
| 8 | | | 混凝土配合比检验批质量验收记录 |
| 9 | | | 混凝土施工检验批质量验收记录 |
| 10 | | 预应力（04） | 预应力原材料检验批质量验收记录 |
| 11 | | | 预应力制作与安装检验批质量验收记录 |
| 12 | | | 预应力张拉与放张检验批质量验收记录 |
| 13 | | | 预应力灌浆与封锚检验批质量验收记录 |
| 14 | | 现浇结构（05） | 现浇结构外观及尺寸偏差检验批质量验收记录 |
| 15 | | | 混凝土设计基础外观及尺寸偏差检验批质量验收记录 |
| 16 | | 装配式结构（06） | 装配式结构预制构件检验批质量验收记录 |
| 17 | | | 装配式结构预制构件安装检验批质量验收记录 |
| 18 | | | 装配式结构预制构件拼缝防水节点检验批质量验收记录 |

装配整体式混凝土结构工程施工质量验收应划分为单位工程、分部（子分部）工程、分项工程和检验批进行验收。预制构件进场，使用方应进行进场检验，验收合格并经监理工程师批准后方可使用。在预制构件安装过程中，要对安装质量进行检查。本节将主要介绍构件进场及安装过程验收。

**一、预制构件进场检验**

（1）预制构件应在明显部位标明生产单位、构件型号、生产日期和质量验收标志。构件上的预埋件、插筋和预留孔洞的规格、位置和数量应符合标准图或设计的要求。

检查数量：全数检查。

检验方法：观察，检查质量证明文件或质量验收记录。

（2）混凝土预制构件专业企业生产的预制构件进场时，预制构件结构性能检验应符合下列规定：

1) 梁板类简支受弯预制构件进场时应进行结构性能检验。
2) 对其他预制构件，除设计有专门要求外，进场时可不做结构性能检验。
3) 对进场时不做结构性能检验的预制构件，应采取下列措施：

施工单位（或者监理单位）代表应驻厂监督制作过程；

当无驻厂监督时，预制构件进场时应对预制构件主要受力钢筋数量、规格、间距及混凝土强度等进行实体检验。

检查数量：每批进场不超过 1000 个同类型预制构件为一批，在每批中应随机抽取一个构件进行检验。

检验方法：检查结构性能检验报告或实体检验报告。

注："同类型"是指同一钢种、同一混凝土强度等级、同一生产工艺和同一结构形式。抽取预制构件时，宜从设计荷载最大、受力最不利或生产数量最多的预制构件中抽取。

(3) 预制构件的外观质量不应有严重缺陷，对已经出现的严重缺陷，应按技术处理方案进行处理，并重新检查验收。

检查数量：全数检查。

检验方法：观察，检查技术处理方案和记录。

(4) 预制构件不应有影响结构性能和安装、使用功能的尺寸偏差。对超过尺寸允许偏差且影响结构性能和安装、使用功能的部位，应按技术处理方案进行处理，并重新检查验收。

检查数量：全数检查。

检验方法：量测，检查技术处理方案和记录。

(5) 预制构件的外观质量不宜有一般缺陷。对已经出现的一般缺陷，应按技术处理方案进行处理，并重新检查验收。

检查数量：全数检查。

检查方法：观察，检查技术处理方案和记录。

(6) 预制构件的尺寸偏差应符合规范的规定。

检查数量：同一类型的构件，不超过 100 件为一批，每批应抽查 5% 且不少于 3 件。

装配式结构预制构件检验批质量验收记录表见表 7-2。

### 二、预制构件安装检验批

（一）预制梁、柱构件安装检验批

(1) 预制构件安装临时固定及支撑措施应有效可靠，符合设计及相关技术标准要求。

检查数量：全数检查。

检查方法：观察检查。

(2) 预制构件与预制构件、预制构件与主体结构之间的连接应符合设计要求。采用螺栓连接时应符合《钢结构工程施工质量验收规范》GB 50205 及《混凝土用膨胀型、扩孔型建筑锚栓》JG 160 的要求。

检查数量：全数检查。

检查方法：观察检查。

装配式结构预制构件检验批质量验收记录表  表 7-2

| 工程名称 | | | | | 检验批部位 | | 施工执行标准名称及编号 | |
|---|---|---|---|---|---|---|---|---|
| 施工单位 | | | | | 项目经理 | | 专业工长 | |
| 执行标准 | | 《混凝土结构工程施工质量验收规范》GB 50204—2015 | | | | | 施工单位检查评定记录 | 监理（建设）单位验收记录 |
| 主控项目 | 1 | 预制构件应在明显部位标明生产单位、构件型号、生产日期和质量验收标志。构件上的预埋件、插筋和预留孔洞的规格、位置和数量应符合标准图或设计的要求 | | | | 9.2.1 条 | | |
| | 2 | 预制构件的外观质量不应有严重缺陷 | | | | 9.2.2 条 | | |
| | 3 | 预制构件不应有影响结构性能和安装、使用功能的尺寸偏差 | | | | 9.2.3 条 | | |
| 一般项目 | 1 | 预制构件的外观质量不宜有一般缺陷 | | | | 9.2.4 条 | | |
| | 2 | 项次 | 项 目 | | | 允许偏差（mm） | | |
| | | 1 | 长度 | 板、梁 | | +10, −5 | | |
| | | | | 柱 | | +5, −10 | | |
| | | | | 墙板 | | ±5 | | |
| | | | | 薄腹梁、桁架 | | +15, −10 | | |
| | | 2 | 宽度、高（厚）度 | 板、梁、柱、墙板、薄腹梁、桁架 | | +5 | | |
| | | 3 | 侧向弯曲 | 梁、柱、板 | | L/750 且≤20 | | |
| | | | | 墙板、薄腹梁、桁架 | | L/1000 且≤20 | | |
| | | 4 | 预埋件 | 中心线位置 | | 10 | | |
| | | | | 螺栓位置 | | 5 | | |
| | | | | 螺栓外露长度 | | +10, −5 | | |
| | | 5 | 预留孔 | 中心线位置 | | 5 | | |
| | | 6 | 预留洞 | 中心线位置 | | 15 | | |
| | | 7 | 主筋保护层厚度 | 板 | | +5, −3 | | |
| | | | | 梁、柱、墙板、薄腹梁、桁架 | | +10, −5 | | |
| | | 8 | 对角线差 | 板、墙板 | | 10 | | |
| | | 9 | 表面平整度 | 板、墙板、柱、梁 | | 5 | | |
| | | 10 | 预应力构件预留孔道位置 | 梁、墙板、薄腹梁、桁架 | | 3 | | |
| | | 11 | 翘曲 | 板 | | L/750 | | |
| | | | | 墙板 | | L/1000 | | |
| 施工单位检查评定结果 | | 项目专业质量检查员 | | | | | | 年 月 日 |
| 监理（建设）单位验收结论 | | 监理工程师（建设单位项目专业技术负责人） | | | | | | 年 月 日 |

（3）预制构件与预制构件、预制构件与主体结构之间的连接应符合设计要求。采用埋件焊接连接时应符合国家现行标准《钢筋焊接及验收规程》JGJ 18 的要求。

检查数量：全数检查。

检查方法：观察检查、尺量检查、实验检验。

（4）施工现场半灌浆套筒（直螺纹钢筋套筒灌浆接头）应按照《钢筋机械连接支术规程》JGJ 107 制作钢筋螺纹套筒连接接头做力学性能检验，其质量必须符合有关规程的规定。

检查数量：同种直径每完成 500 个接头时制作一组试件，每组试件 3 个接头。

检查方法：检查接头力学性能试验报告。

（5）钢筋套筒接头灌浆料配合比应符合灌浆工艺及灌浆料使用说明书要求。

检查数量：全数检查。

检查方法：观察检查。

（6）钢筋连接套筒灌浆应饱满，灌浆时灌浆料必须冒出溢流口；采用专用堵头封闭后灌浆料不应有任何外漏。

检查数量：全数检查。

检查方法：观察检查。

（7）施工现场钢筋套筒接头灌浆料应留置同条件养护试块，试块强度应符合《水泥基灌浆材料应用技术规范》GB/T 50448 的规定。

检查数量：同种直径每班灌浆接头施工时留置一组试件，每组 3 个试块，试块规格为 40mm×40mm×160mm。

检查方法：检查试件强度试验报告。

（8）预制板类构件（含叠合板构件）安装的允许偏差应符合表 7-3 的规定。

预制板类构件（含叠合板构件）安装的允许偏差　　表 7-3

| 项　目 | 允许偏差（mm） | 检验方法 |
| --- | --- | --- |
| 预制构件水平位置偏差 | 5 | 基准线和钢尺检查 |
| 预制构件标高偏差 | ±3 | 水准仪或拉线、钢尺检查 |
| 预制构件垂直度偏差 | 3 | 2m 靠尺或吊锤 |
| 相邻构件高低差 | 3 | 2m 靠尺和塞尺检查 |
| 相邻构件平整度 | 4 | 2m 靠尺和塞尺检查 |
| 板叠合面 | 未损害、无浮尘 | 观察检查 |

检查数量：每流水段预制板抽样不少于 10 个点，且不少于 10 个构件。

检查方法：用钢尺和拉线等辅助量具实测。

（9）预制梁、柱安装的允许偏差应符合表 7-4 的规定。

预制梁、柱安装的允许偏差　　表 7-4

| 项　目 | 允许偏差（mm） | 检验方法 |
| --- | --- | --- |
| 预制柱水平位置偏差 | 5 | 基准线和钢尺检查 |
| 预制柱标高偏差 | 3 | 水准仪或拉线、钢尺检查 |
| 预制柱垂直度 | 3 或 $H/1000$ 的较小值 | 2m 靠尺或吊线检查 |
| 建筑全高垂直度 | $H/2000$ | 经纬仪检测 |
| 预制梁水平位置偏差 | 5 | 基准线和钢尺检查 |
| 预制梁标高偏差 | 3 | 水准仪或拉线、钢尺检查 |
| 梁叠合面 | 未损害、无浮尘 | 观察检查 |

检查数量：每流水段预制梁、柱构件抽样不少于10个点，且不少于10个构件。
检查方法：用钢尺和拉线等辅助量具实测。

（二）预制墙板构件安装检验批

预制墙板安装的允许偏差应符合表7-5的规定。

预制墙板安装的允许偏差　　　　　　　　　　　　　表7-5

| 项　目 | 允许偏差（mm） | 检验方法 |
|---|---|---|
| 单块墙板水平位置偏差 | 5 | 基准线和钢尺检查 |
| 单块墙板顶标高偏差 | ±3 | 水准仪或拉线、钢尺检查 |
| 单块墙板垂直度偏差 | 3 | 2m靠尺 |
| 相邻墙板高低差 | 2 | 2m靠尺和塞尺检查 |
| 相邻墙板拼缝空腔构造偏差 | ±3 | 钢尺检查 |
| 相邻墙板平整度偏差 | 4 | 2m靠尺和塞尺检查 |
| 建筑物全高垂直度 | H/2000 | 经纬仪检查 |

检查数量：每流水段预制墙板抽样不少于10个点，且不少于10个构件。
检查方法：用钢尺和拉线等辅助量具实测。

预制板类构件（含叠合板构件）安装检验批质量验收记录表见表7-6。

预制板类构件（含叠合板构件）安装检验批质量验收记录表　　　表7-6

| 单位（子单位）工程名称 | | | | | |
|---|---|---|---|---|---|
| 分部（子分部）工程名称 | | | | 验收部位 | |
| 施工单位 | | | | 项目经理 | |
| 执行标准名称及编号 | | 《装配式混凝土结构工程施工与质量验收规程》DB 11/T 1030—2013 | | | |
| | | 施工质量验收规程的规定 | | 施工单位检查评定记录 | 监理（建设）单位验收记录 |
| 主控项目 | 1 | 预制构件安装临时固定措施 | 第9.3.9条 | | |
| | 2 | 预制构件螺栓连接 | 第9.3.10条 | | |
| | 3 | 预制构件焊接连接 | 第9.3.11条 | | |
| 一般项目 | 1 | 预制构件水平位置偏差（mm） | 5 | | |
| | 2 | 预制构件标高偏差（mm） | ±3 | | |
| | 3 | 预制构件垂直度偏差（mm） | 3 | | |
| | 4 | 相邻构件高低差（mm） | 3 | | |
| | 5 | 相邻构件平整度（mm） | 4 | | |
| | 6 | 板叠合面 | 未损害、无浮灰 | | |
| 施工单位检查评定结果 | | 专业工长（施工员） | | 施工班组长 | |
| | | 项目专业质量检查员 | | | 年　月　日 |
| 监理（建设）单位验收结论 | | 专业监理工程师（建设单位项目专业技术负责人） | | | 年　月　日 |

预制梁、柱构件安装检验批质量验收记录表见表7-7。

预制梁、柱构件安装检验批质量验收记录表  表7-7

| 单位（子单位）工程名称 | | | | | |
|---|---|---|---|---|---|
| 分部（子分部）工程名称 | | | | 验收部位 | |
| 施工单位 | | | | 项目经理 | |
| 执行标准名称及编号 | | 《装配式混凝土结构工程施工与质量验收规程》DB 11/T 1030—2013 | | | |
| | | 施工质量验收规程的规定 | | 施工单位检查评定记录 | 监理（建设）单位验收记录 |
| 主控项目 | 1 | 预制构件安装临时固定措施 | 第9.3.9条 | | |
| | 2 | 预制构件螺栓连接 | 第9.3.10条 | | |
| | 3 | 预制构件焊接连接 | 第9.3.11条 | | |
| | 4 | 套筒灌浆机械接头力学性能 | 第9.3.12条 | | |
| | 5 | 套筒灌浆接头灌浆料配合比 | 第9.3.13条 | | |
| | 6 | 套筒灌浆接头灌浆饱满度 | 第9.3.14条 | | |
| | 7 | 套筒灌浆料同条件试块强度 | 第9.3.15条 | | |
| 一般项目 | 1 | 预制柱水平位置偏差（mm） | 5 | | |
| | 2 | 预制柱标高偏差（mm） | 3 | | |
| | 3 | 预制柱垂直度偏差（mm） | 3 或 $H/1000$ 的较小值 | | |
| | 4 | 建筑全高垂直度（mm） | $H/2000$ | | |
| | 5 | 预制梁水平位置偏差（mm） | 5 | | |
| | 6 | 预制梁标高偏差（mm） | 3 | | |
| | 7 | 梁叠合面 | 未损害、无浮灰 | | |
| 施工单位检查评定结果 | 专业工长（施工员） | | | 施工班组长 | |
| | | | | | |
| | 项目专业质量检查员 | | | | 年 月 日 |
| 监理（建设）单位验收结论 | 专业监理工程师（建设单位项目专业技术负责人） | | | | 年 月 日 |

预制墙板构件安装检验批质量验收记录表见表7-8。

预制墙板构件安装检验批质量验收记录表　　　　　　　　　　　　表 7-8

| 单位（子单位）工程名称 | | | | | |
|---|---|---|---|---|---|
| 分部（子分部）工程名称 | | | | 验收部位 | |
| 施工单位 | | | | 项目经理 | |
| 执行标准名称及编号 | | 《装配式混凝土结构工程施工与质量验收规程》DB 11/T 1030—2013 | | | |
| | | 施工质量验收规程的规定 | | 施工单位检查评定记录 | 监理（建设）单位验收记录 |
| 主控项目 | 1 | 预制构件安装临时固定措施 | 第 9.3.9 条 | | |
| | 2 | 预制构件螺栓连接 | 第 9.3.10 条 | | |
| | 3 | 预制构件焊接连接 | 第 9.3.11 条 | | |
| | 4 | 套筒灌浆机械接头力学性能 | 第 9.3.12 条 | | |
| | 5 | 套筒灌浆接头灌浆料配合比 | 第 9.3.13 条 | | |
| | 6 | 套筒灌浆接头灌浆饱满度 | 第 9.3.14 条 | | |
| | 7 | 套筒灌浆料同条件试块强度 | 第 9.3.15 条 | | |
| 一般项目 | 1 | 单块墙板水平位置偏差（mm） | 5 | | |
| | 2 | 单块墙板顶标高偏差（mm） | ±3 | | |
| | 3 | 单块墙板垂直度偏差（mm） | 3 | | |
| | 4 | 相邻墙板高低差（mm） | 2 | | |
| | 5 | 相邻墙板拼缝空腔构造偏差（mm） | ±3 | | |
| | 6 | 相邻墙板平整度偏差（mm） | 4 | | |
| | 7 | 建筑物全高垂直度（mm） | $H/2000$ | | |
| 施工单位检查评定结果 | | 专业工长（施工员） | | 施工班组长 | |
| | | 项目专业质量检查员 | | | 年　月　日 |
| 监理（建设）单位验收结论 | | 专业监理工程师<br>（建设单位项目专业技术负责人） | | | 年　月　日 |

（三）预制构件节点与接缝防水检验批

外墙板接缝的防水性能应符合设计要求。

检查数量：按批检验。每 1000m² 外墙面积应划分为一个检验批，不足 1000m² 时也应划分为一个检验批；每个检验批每 100m² 应至少抽查一处，每处不得少于 10m²。

检查方法：检查现场淋水试验报告。

预制构件接缝防水节点检验批质量验收记录表见表7-9。

**预制构件接缝防水节点检验批质量验收记录表** 表7-9

| 单位（子单位）工程名称 | | | | | |
|---|---|---|---|---|---|
| 分部（子分部）工程名称 | | | | 验收部位 | |
| 施工单位 | | | | 项目经理 | |
| 执行标准名称及编号 | | 《装配式混凝土结构工程施工与质量验收规程》DB 11/T 1030—2013 | | | |
| | | 施工质量验收规程的规定 | | 施工单位检查评定记录 | 监理（建设）单位验收记录 |
| 主控项目 | 1 | 预制构件与模板间密封 | 第9.3.19条 | | |
| | 2 | 防水材料质量证明文件及复试报告 | 第9.3.20条 | | |
| | 3 | 密封胶打注 | 第9.3.21条 | | |
| 一般项目 | 1 | 防水节点基层 | 第9.3.22条 | | |
| | 2 | 密封胶胶缝 | 第9.3.23条 | | |
| | 3 | 防水胶带粘接面积、搭接长度 | 第9.3.24条 | | |
| | 4 | 防水节点空腔排水构造 | 第9.3.25条 | | |
| 施工单位检查评定结果 | | 专业工长（施工员） | | 施工班组长 | |
| | | 项目专业质量检查员 | | | 年  月  日 |
| 监理（建设）单位验收结论 | | 专业监理工程师<br>(建设单位项目专业技术负责人) | | | 年  月  日 |

（1）预制墙板拼接水平节点钢制模板与预制构件之间、构件与构件之间应粘贴密封条，节点处模板在混凝土浇筑时不应产生明显变形和漏浆。

检查数量：全数检查。

检查方法：观察检查。

（2）预制构件拼缝处防水材料应符合设计要求，并具有合格证及检测报告。与接触面材料进行相容性试验。必要时提供防水密封材料进场复试报告。

检查数量：全数检查。

检查方法：观察检查。

（3）密封胶打注应饱满、密实、连续、均匀、无气泡，宽度和深度符合要求。

检查数量：全数检查。

检查方法：观察检查、钢尺检查。

（4）预制构件拼缝防水节点基层应符合设计要求。

检查数量：全数检查。

检查方法：观察检查。

（5）密封胶缝应横平竖直、深浅一致、宽窄均匀、光滑顺直。
检查数量：全数检查。
检查方法：观察检查。
（6）防水胶带粘贴面积、搭接长度、节点构造应符合设计要求。
检查数量：全数检查。
检查方法：观察检查。
（7）预制构件拼缝防水节点空腔排水构造应符合设计要求。
检查数量：全数检查。
检查方法：观察检查。

### 三、分项工程质量验收记录（见表7-10）

当各分项所含检验批均验收合格且验收记录完整时，应及时编制分项工程质量验收记录。

_____分项工程质量验收记录　　　表7-10

| 工程名称 | | 结构类型 | | 检验批数 | |
|---|---|---|---|---|---|
| 施工单位 | | 项目经理 | | 项目技术负责人 | |
| 分包单位 | | 分包单位负责人 | | 分包项目经理 | |
| 序号 | 检验批部位、区段 | | 施工单位评定结果 | 监理（建设）单位验收结论 | |
| 1 | | | | | |
| 2 | | | | | |
| 3 | | | | | |
| 4 | | | | | |
| 5 | | | | | |
| 6 | | | | | |
| 7 | | | | | |
| 8 | | | | | |
| 9 | | | | | |
| 检查结论 | 项目专业技术负责人：<br>　　　年　月　日 | | 验收结论 | 监理工程师：<br>（建设单位项目技术负责人）<br>　　　年　月　日 | |

注：本表由施工项目专业质量检查员填写。

## 第三节　主体施工资料

装配整体式混凝土结构施工前，施工单位应根据工程特点和有关规定，编制装配整体式混凝土专项施工方案，并进行施工技术交底。施工现场应具有健全的质量管理体系、相应的施工技术标准、施工质量检验制度和综合施工质量控制考核制度。在施工过程中做好施工日志、施工记录、隐蔽工程验收记录及检验批、分项、分部、单位工程验收记录等资料。

### 一、预制构件进场验收资料

（一）预制构件验收资料

（1）预制构件出厂交付使用时，应向使用方提供以下验收材料：

1）预制构件隐蔽工程质量验收表；

2）预制构件出厂质量验收表；

3）钢筋进场复验报告；

4）混凝土留样检验报告；

5）保温材料、拉结件、套筒等主要材料进厂复验报告；

6）产品合格证；

7）产品说明书；

8）其他相关的质量证明文件等资料。

（2）预制构件生产企业应按照有关标准规定或合同要求，对供应的产品签发质量证明书，明确重要技术参数，有特殊要求的产品还应提供安装说明书。预制构件生产企业的产品合格证应包括下列内容：

1）合格证编号、构件编号；

2）产品数量；

3）预制构件型号；

4）质量情况；

5）生产企业名称、生产日期、出厂日期；

6）质检员、质量负责人签名。

对工厂生产的预制构件，进场时应检查其质量证明文件和表面标识。预制构件的质量、标识应符合设计要求及现行国家相关标准规定。

（二）原材料验收资料

钢筋、水泥、钢筋套筒、灌浆料、防水密封材料等需检查质量证明文件和抽样检验报告。

灌浆套筒进场时，应抽取套筒采用与之匹配的灌浆料制作对中连接接头，并做抗拉强度检验，检验结果应符合《钢筋机械连接技术规程》JGJ 107—2010 中Ⅰ级接头对抗拉强度的要求。

灌浆套筒检验批：同一原材料、同一炉（批）号、同一类型、同一规格的灌浆套筒检验批量不应大于 1000 个，每批随机抽取 3 个灌浆套筒制作接头，并应制作不少于 1 组 40mm×40mm×160mm 浆料强度试件。进场时检查灌浆套筒的质量证明文件和抽样检验报告。

### 二、装配整体式混凝土结构工程验收资料

（1）装配整体式混凝土结构工程验收时应提供以下资料：

1）工程设计单位已确认的预制构件深化设计图、设计变更文件；

2）装配整体式结构工程施工所用各种材料及预制构件的各种相关质量证明文件；

3）预制构件安装施工验收记录；

4）钢筋套筒灌浆连接的施工检验记录；

　　5）连接构造节点的隐蔽工程检查验收文件；

　　6）后浇筑节点的混凝土或灌浆浆体强度检测报告；

　　7）密封材料及接缝防水检测报告；

　　8）分项工程验收记录；

　　9）装配整体式结构实体检验记录；

　　10）工程的重大质量问题的处理方案和验收记录；

　　11）其他质量保证资料。

　（2）装配整体式混凝土结构工程应在安装施工过程中完成下列隐蔽项目的现场验收，并形成隐蔽验收记录：

　　1）混凝土粗糙面的质量，键槽的尺寸、数量、位置；

　　2）钢筋的牌号、规格、数量、位置、间距，箍筋弯钩的弯折角度及水平段长度；钢筋的连接方式、接头位置、接头数量、接头面积百分率、搭接长度、锚固方式及锚固长度；预埋件、预留插筋、预留管线及预留孔洞的规格、数量、位置；灌浆接头等；

　　3）预制混凝土构件接缝处防水、防火做法。

　（3）当装配整体式混凝土结构工程施工质量不符合要求时，应按下列规定进行处理，并形成资料。

　　1）经返工、返修或更换构件、部件的检验批，应重新进行检验；

　　2）经有资质的检测单位检测鉴定达到设计要求的检验批，应予以验收；

　　3）经有资质的检测单位检测鉴定达不到设计要求，但经原设计单位核算并确认仍可满足结构安全和使用功能的检验批，可予以验收；

　　4）经返修或加固处理能够满足结构安全使用要求的分项工程，可根据技术处理方案和协商文件进行验收。

　　**三、结构实体检验资料**

　　对涉及混凝土结构安全的有代表性的部位应进行结构实体检验，检验应在监理工程师见证下，由施工单位的项目技术负责人组织实施。承担结构实体检验的检测单位应具有相应资质。

　　结构实体检验的内容包括预制构件结构性能检验和装配整体式结构连接性能检验两部分；装配整体式结构连接性能检验包括连接节点部位的后浇混凝土强度、钢筋套筒连接或浆锚搭接连接的灌浆料强度、钢筋保护层厚度、结构位置与尺寸偏差以及工程合同规定的项目；必要时可检验其他项目。

　　后浇混凝土的强度检验，应以在浇筑地点制备并与结构实体同条件养护的试件强度为依据。后浇混凝土的强度检验，按国家现行有关标准的规定进行。

　　灌浆料的强度检验，应以在灌注地点制备并标准养护的试件强度为依据。

　　对钢筋保护层厚度检验，抽样数量、检验方法、允许偏差和合格条件应符合现行国家标准《混凝土结构工程施工质量验收规范》GB 50204 的规定。

　　当同条件养护的混凝土试件的强度检验结果符合现行国家标准《混凝土强度检验评定标准》GB/T 50107 的有关规定时，混凝土强度应判定为合格；当未能取得同条件养护试件强度、同条件养护试件强度被判定为不合格或钢筋保护层厚度不满足要求时，应委托具有相应资质等级的检测机构按国家有关标准的规定进行检测复核。

## 第四节 装饰装修资料

### 一、墙面装修验收资料

（一）外墙

外墙装修验收时应提供以下资料：

外墙装修设计文件、外墙板安装质量检查记录、施工试验记录（包括外墙淋水、喷水试验）、隐蔽工程验收记录及其他外墙装修质量控制文件。预制外墙板及外墙装修材料部品认定证书和产品合格证书、进场验收记录、性能检测报告；保温材料复试报告、面砖及石材拉拔试验等相关文件。

（二）内墙

内墙装修验收时应提供以下资料：

预制内隔墙板及内墙装修材料产品合格证书、进场验收记录、性能检测报告；内墙装修设计文件、预制内隔墙板安装质量检查记录、施工试验记录、隐蔽工程验收记录及其他内墙装修质量控制文件。

### 二、楼面装修验收资料

楼面装修验收时应提供以下资料：

预制构件、楼面装修材料及其他材料质量证明文件和抽样试验报告；楼面装修设计文件、施工试验记录、隐蔽验收记录、地面质量验收记录及其他楼面装修质量控制文件。

### 三、顶棚装修验收资料

顶棚装修验收时应提供以下资料：

顶棚装修材料及其他材料的质量证明文件和抽样试验报告；顶棚装修设计文件，顶棚隐蔽验收记录，顶棚装修施工记录及其他顶棚装修质量控制文件。

### 四、门窗装修验收资料

门窗装修验收时应提供以下资料：

门窗框、门窗扇、五金件及密封材料的质量证明文件和抽样试验报告；门窗安装隐蔽验收记录、门窗试验记录、施工记录及其他门窗安装质量控制文件。

## 第五节 安装工程资料

### 一、给水排水及采暖施工验收资料

在装配整体式结构中给水排水及采暖工程的安装形式有明装和暗装（在预制构件上留槽），根据国家现行标准《装配式混凝土结构技术规程》JGJ 1 中的要求，管道宜明装设置。根据安装形式的不同，所需要的验收资料也有所不同。明装管道按照国家现行标准《建筑给水排水及采暖工程施工质量验收规范》GB 50242 执行，管道暗装施工的技术资料要增加一些内容。

（一）预制构件厂家应提供的资料

预埋管道的构件在构件进场验收时，构件厂家应提交管材、管件的合格证、出厂（形式）检验报告、复试报告等质量合格证明材料。管道布置图纸，隐蔽验收记录，管道的水压试验记录等质量控制资料。

暗装管道的留槽布置图，留槽位置、宽度、深度应有记录，并移交施工单位。

（二）进场验收实体检查项目

检查数量应符合《装配整体式混凝土结构工程施工与质量验收规程》DB 37/T 5019—2014 的要求，检查项目包括管材管件的规格型号、位置、坐标和观感质量等，留槽位置、宽度、深度和长度等，预留孔洞的坐标、数量和尺寸，预埋套管、预埋件的规格、型号、尺寸和位置。

所有检查项目要符合设计要求，进场时应提交相关记录，做好进场验收记录，双方签字，并经过监理工程师（建设单位代表）验收。

（三）现场施工资料要求

除按《装配整体式混凝土结构工程施工与质量验收规程》DB 37/T 5019—2014 的规定外，还应有现场安装管道与预埋管道连接的隐蔽验收记录，内容应包括管材、管件的材质、规格、型号、接口形式、坐标位置、防腐、穿越等情况。管线穿过楼板部位的防水、防火、隔声等措施。

隐蔽验收工程应按系统或工序进行。现场施工部分检验批要与预制构件部分检验批分开，以利于资料的整理和资料的系统性。

（四）给水排水及采暖技术资料

（1）材料质量合格证明文件。

包括管材、管件等原材料以及焊接、防腐、粘接、隔热等辅材的合格证、出厂或型式检验报告、复试报告等。

（2）施工图资料。

包括深化设计图纸、设计变更，管道、留槽、预埋件、预留洞口的布置图等。

（3）施工组织设计或施工方案。

（4）技术交底。

（5）施工日志。

（6）预检记录。

包括管道及设备位置预检记录，预留孔洞、预埋套管、预埋件的预检记录等。

（7）隐蔽工程检查验收记录。

包括预制构件内管道、现场安装与预制构件内管道接口、现场安装暗装管道、预埋件、预留套管等下一道工序隐蔽上一道工序的均应做隐蔽工程检查验收记录，隐蔽工程验收应按系统、工序进行。

（8）施工试验记录。

包括室内给水排水管道水压试验（预制构件内管道由生产构件厂家试验并有记录、现场安装由施工单位试验、系统水压试验由施工单位试验），阀门、散热器、太阳能集热器、辐射板试验，室内热水及采暖管道系统试验，给水排水管道系统冲洗、室内供暖管道的冲洗、灌水试验，通球试验、通水试验、卫生器具盛水试验等。

（9）施工记录。

包括管道的安装记录，管道支架制作安装记录，设备、配件、器具安装记录，防腐、保温等施工记录。

(10) 班组自检、互检、交接检记录。

(11) 工程质量验收记录。

包括检验批、分项、分部、单位工程质量验收记录。

## 二、建筑电气施工验收资料

建筑电气分部工程施工主要针对建筑结构阶段的电气施工进行介绍。

(一) 预制构件厂家应提供的资料

预埋于构件中的电气配管，进场验收时构件厂家应提交管材、箱盒及附件的合格证及检验报告等质量合格证明材料，以及线路布置图和隐蔽验收记录等质量控制资料。

(二) 进场验收实体检查项目

检查数量应符合包括《装配整体式混凝土结构工程施工与质量验收规程》DB 37/T 5019—2014 的要求，检查项目包括管材、箱盒及附件的规格型号、位置、坐标，线管的出构件长度、线盒的出墙高度、线管导通和观感质量等，预留箱盒、洞口的坐标、尺寸和位置。

对图纸进行深化设计，所有项目要符合设计要求，进场时应提交相关记录，做好进场验收记录，双方签字，并通过监理（建设）单位验收。

(三) 现场施工资料要求

除按《装配整体式混凝土结构工程施工与质量验收规程》DB 37/T 5019—2014 的规定外，构件内的线管甩头位置应准确，甩头长度应能满足施工要求，便于后安装线管与其连接，线管的接头应做隐蔽验收记录。竖向电气管线宜统一设置在预制墙板内，避免后剔槽，墙板内竖向电气管线布置应保持安全间距。应对图纸进行深化设计，PK 板上合理布置线管以减少管线交叉和过度集中，避免管线交叉部位与桁架钢筋重叠问题，解决后浇叠合层混凝土局部厚度和平整度超标的问题。施工时不要在 PK 板上随意开槽、凿洞，以免影响结构的受力。

建筑物防雷工程施工按现行国家标准《建筑物防雷工程施工与质量验收规范》GB 50601 和《建筑电气工程施工质量验收规范》GB 50303 执行。

现场施工部分检验批要与预制构件部分检验批分开，以利于资料的整理和资料的系统性。

(四) 建筑电气技术资料

(1) 材料质量合格证明文件。

在建筑电气施工中所使用的产品国家实行强制性产品认证，其电气设备上统一使用 CCC 认证标志，并具有合格证件。质量合格证明材料包括管材、箱盒及附件的合格证、CCC 认证、出厂检验报告或形式检验报告等质量合格证明材料。

(2) 施工图资料。

包括深化设计图纸、设计变更，线管、箱盒、预留孔洞、预埋件布置图等。

(3) 施工组织设计或施工方案。

(4) 技术交底。

(5) 施工日志。

(6) 预检记录。

包括电气配管安装预检记录，开关、插座、灯具的位置、标高预检记录，预留孔洞、预埋件的预检记录等。

（7）隐蔽工程检查验收记录。

包括预制构件内配管、现场施工与预制构件内配管接口、现场施工暗配管、防雷接地、引下线等均应做隐蔽工程检查验收记录。

（8）施工试验记录。

包括绝缘电阻测试记录，接地电阻测试记录，电气照明、动力试运行试验记录，电气照明器具通电安全检查记录。

（9）施工记录。

主要包括电气配管施工记录，穿线安装检查记录，电缆终端头、中间接头安装记录，照明灯具安装记录，接地装置安装记录，防雷装置安装记录，避雷带、均压环安装记录。

（10）班组自检、互检、交接检记录。

（11）工程质量验收记录。

包括检验批、分项、分部、单位工程质量验收记录。

## 第六节　围护结构节能验收资料

建筑节能方面装配式结构在外墙板保温、外墙接缝、梁柱接头、外门窗固定和接缝部位与现浇结构施工不同，在资料管理方面也要根据施工内容、施工方法和施工过程的不同编制相应的技术资料。根据《建筑节能工程施工质量验收规范》GB 50411 规定，建筑节能资料应单独立卷，满足建筑节能验收资料的要求。

**一、外墙板保温层验收资料**

装配式结构外墙板的保温层与结构一般同时施工，无法分别验收，而应与主体结构一同验收，但验收资料应按结构和节能分开。验收时结构部分应符合相应的结构规范，而节能工程应符合《建筑节能工程施工质量验收规范》GB 50411 的要求，并单独留存节能资料，存放到节能分部中。

（一）预制构件厂家应提供的资料

进场验收主要是对其品种、规格、外观和尺寸等"可视质量"及技术资料进行检查验收，其内在质量则需由各种技术资料加以证明。

进场验收的一项重要内容是对各种材料的技术资料进行检查。这些技术资料主要包括质量合格证明文件、中文说明书及相关性能检测报告；进口材料和设备应按规定进行出入境商品检验。

墙体节能工程使用的保温材料，其导热系数、密度、抗压强度或压缩强度、燃烧性能应符合设计要求。

夹心外墙板中的保温材料，其导热系数不宜大于 0.040W/(m·K)，体积比吸水率不宜大于 0.3%，燃烧性能不应低于国家标准《建筑材料及制品燃烧性能分级》GB 8624 中 $B_2$ 级的要求。

夹心外墙板中内外叶墙板的金属及非金属材料拉结件均应具有规定的承载力、变形和耐久性能，并应经过试验验证；拉结件应满足夹心外墙板的节能设计要求。

对夹心外墙板，应绘制内外叶墙板的拉结件布置图及保温板排板图，并有隐蔽验收记录。

预制保温墙板产品及其安装性能应有型式检验报告。保温墙板的结构性能、热工性能及与主体结构的连接方法应符合设计要求。

（二）进场验收实体检查项目

检查数量应符合《装配整体式混凝土结构工程施工与质量验收规程》DB 37/T 5019—2014 和《建筑节能工程施工质量验收规范》GB 50411 的要求。检查项目有夹心外墙板的保温层位置、厚度，拉结件的类别、规格、数量、位置等；预制保温墙板与主体结构的连接形式、数量、位置等。

进场验收必须经监理工程师（建设单位代表）核准，形成相应的质量记录。

（三）现场施工资料要求

墙体节能工程各层构造做法均为隐蔽工程，因此对于隐蔽工程验收应随做随验，并做好记录。检查的内容主要是墙体节能工程各层构造做法是否符合设计要求，以及施工工艺是否符合施工方案要求。后浇筑部位的保温层厚度，拉结件的位置、数量等都应符合设计要求。随施工进度及时进行隐蔽验收，即每处（段）隐蔽工程都要在对其隐蔽前进行验收，不应后补。根据《建筑节能工程施工质量验收规范》GB 50411 的要求，按不同的施工方法、工序合理划分检验批，宜按分项工程进行验收，留存节能验收资料。

**二、外墙局部保温处理资料**

外墙局部保温所涉及的内容主要有外墙板的接缝、接头、洞口、造型等部位的节能保温措施，这些施工内容多为现场施工，主要是现场的一些技术资料，但个别预制构件附带的材料和包含的技术措施需要预制构件厂家提供技术资料。外墙局部保温的检查验收应随同外墙节能一块检查验收。

（1）外墙热桥部位，应按设计要求采取节能保温等隔断热桥措施。

（2）外墙板接缝处的密封材料应符合下列规定：

1）密封胶应与混凝土具有相容性，并具有规定的抗剪切和伸缩变形能力；密封胶尚应具有防霉、防水、防火、耐候等性能；

2）硅酮、聚氨酯、聚硫等建筑密封胶应分别符合国家现行标准《硅酮建筑密封胶》GB/T 14683、《聚氨酯建筑密封胶》JC/T 482、《聚硫建筑密封胶》JC/T 483 的规定；

3）夹心外墙板接缝处填充用保温材料的燃烧性能应满足国家标准《建筑材料及制品燃烧性能分级》GB 8624—2012 中 A 级的要求。

（3）采用预制保温墙板现场安装组成保温墙体，在组装过程中容易出现连接、渗漏等问题，所以预制保温墙板应有型式检验报告，包括保温墙板的结构性能、热工性能等均应合格，墙板与主体结构的连接方法应符合设计要求，墙板的板缝、构造节点及嵌缝做法应与设计一致。

（4）外墙附墙或挑出部件如梁、过梁、柱、附墙柱、女儿墙、外墙装饰线、墙体内箱盒、管线等均是容易产生热桥的部位，对于墙体总体保温效果有一定影响。应按设计要求采取隔断热桥或节能保温措施。

（5）外墙和毗邻不采暖空间墙体上的门窗洞口四周墙面，凸窗四周墙面或地面，这些部位容易出现热桥或保温层缺陷。应按设计要求采取隔断热桥或节能保温措施。当设计未对上述部位提出要求时，施工单位应与设计、建设或监理单位联系，确认是否应采取处理措施。

### 三、外门窗节能验收资料

建筑外窗的气密性、保温性能、中空玻璃露点应符合设计要求，并有试验报告。

金属外门窗隔断热桥措施应符合设计要求和产品标准的规定，金属副框的隔断热桥措施应与门窗框的隔断热桥措施相当，做好相应的施工记录。

外门窗应采用标准化部件，并宜采用预留副框或预埋件等与墙体可靠连接。外门窗框或副框与洞口之间的间隙应采用弹性闭孔材料填充饱满，并使用密封胶密封；外门窗框与副框之间的缝隙应使用密封胶密封，及时进行隐蔽验收。

### 四、围护结构节能技术资料

（1）材料质量合格证明文件。

包括材料和设备的合格证、中文说明书、性能检测报告，定型产品和成套技术应有型式检验报告，进口材料和设备的商检报告，材料和设备的复试报告。

（2）施工图资料。

包括深化设计图纸、设计变更、保温板排布图、拉结件布置图、热桥部位节点措施详图。

（3）施工组织设计或施工方案。

每个工程的施工组织设计中都应列明本工程节能施工的有关内容以便规划、组织和指导施工。编制专门的建筑节能工程施工技术方案，经监理单位审批后实施。

（4）技术交底。

建筑装配化施工和节能工程施工，作业人员的操作技能对节能工程施工效果影响很大，施工前必须对相关人员进行技术培训和交底，以及实际操作培训，技术交底和培训均应留有记录。

（5）施工日志。

（6）预检记录。

包括预制构件保温材料厚度、位置、尺寸预检记录，热桥部位处理措施预检记录，外门窗安装预检记录。

（7）隐蔽工程检查验收记录。

包括夹芯板保温层、拉结件、加强网、墙体热桥部位构造措施，预制保温板的接缝和构造、嵌缝做法，门窗洞口四周节能保温措施，门窗的固定。

（8）施工试验记录。

墙体节能工程使用的保温隔热材料，其导热系数、密度、抗压强度或压缩强度、燃烧性能，拉结件的锚固力试验，保温浆料的同条件养护试件试验，预制保温墙板的型式检验报告中应包含安装性能的检验，墙板接缝淋水试验，建筑外窗的气密性、保温性能、中空玻璃露点、现场气密性试验，外墙保温板拉结件的相关试验。

（9）施工记录。

预制构件拼装施工记录、后浇筑部分施工记录、构件接缝施工记录、外门窗施工记录、热桥部位施工记录。

（10）班组自检记录。

（11）工程质量验收记录。

节能项目应单独填写检查验收表格，做出节能项目检查验收记录，并单独组卷。质量验收记录包括分项、分部工程质量验收记录，当分项工程较大时可以分成检验批验收。

# 第七节 工 程 验 收

### 一、过程验收（验收划分）

1. 地基与基础工程验收包括的内容

无支护土方、有支护土方、地基及基础处理、桩基、地下防水、混凝土基础、砌体基础、劲钢（管）混凝土、钢结构等。

2. 地基与基础工程验收所需条件

工程实体按要求完工；工程技术资料齐全；各种问题已经整改完成；相关人员与机构均签字认可。

施工单位报告应当由项目经理和施工单位负责人审核、签字、盖章。

监理单位报告应当由总监和监理单位有关负责人审核、签字、盖章。

3. 地基与基础工程验收组织及验收人员

由建设单位负责组织实施建设工程主体验收工作，区建设工程质量监督站对建设工程主体验收实施监督，该工程的施工、监理、设计、勘察等单位参加。

验收人员：由建设单位负责组织主体验收组。验收组组长由建设单位法人代表或其委托的负责人担任。验收组副组长应至少由一名工程技术人员担任。验收组成员由建设单位负责人、项目现场管理人员及勘察、设计、施工、监理单位项目技术负责人或质量负责人组成。

4. 地基与基础工程验收的程序

建设工程地基与基础工程验收按施工企业自评、设计认可、监理核定、业主验收、政府监督的程序进行。

总监理工程师（建设单位项目负责人）组织对地基与基础分部工程验收时，必须有以下人员参加：总监理工程师、建设单位项目负责人、设计单位项目负责人、勘察单位项目负责人、施工单位技术质量负责人及项目经理等。

5. 地基与基础工程验收的结论

参建责任方签署的地基与基础工程质量验收记录，应在签字盖章后3个工作日内由项目监理人员报送质监站存档。

当在验收过程中参与工程结构验收的建设、施工、监理、设计、勘察单位各方不能形成一致意见时，应当协商提出解决的方法，待意见一致后，重新组织工程验收。

地基与基础工程未经验收或验收不合格，责任方擅自进行上部施工的，应签发局部停工通知书责令整改，并按有关规定处理。

6. 主体结构验收组织及验收人员

（1）由建设单位负责组织实施建设工程主体验收工作，建设工程质量监督部门对建设工程主体验收实施监督，该工程的施工、监理、设计等单位参加。

（2）验收人员：由建设单位负责组织主体验收组。验收组组长由建设单位法人代表或其委托的负责人担任。验收组副组长应至少由一名工程技术人员担任。验收组成员由建设单位负责人、项目现场管理人员及设计、施工、监理单位项目技术负责人或质量负责人组成。

7. 主体工程验收的程序

建设工程主体验收按施工企业自评、勘察与设计认可、监理核定、业主验收、政府监督的程序进行。

（1）施工单位完成主体结构工程施工后，向建设单位提交建设工程质量施工单位（主体）报告，申请主体工程验收；

（2）监理单位核查施工单位提交的建设工程质量施工单位（主体）报告，对工程质量情况作出评价，填写建设工程主体验收监理评估报告；

（3）建设单位审查施工单位提交的建设工程质量施工单位（主体）报告，对符合验收要求的工程，组织设计、施工、监理等单位的相关人员组成验收组进行验收；

（4）建设单位在主体工程验收 3 个工作日前将验收的时间、地点及验收组名单报至质监站；

（5）建设单位组织验收组成员在质监站监督下在规定的时间内完成工程全面验收。

**二、竣工验收**

（一）工程竣工验收准备工作

（1）工程竣工预验收（由监理公司组织，建设单位、承包商参加）：工程竣工后，监理工程师按照承包商自检验收合格后提交的《单位工程竣工预验收申请表》，审查资料并进行现场检查；项目监理部就存在的问题提出书面意见，并签发《监理工程师通知书》（注：需要时填写），要求承包商限期整改；承包商整改完毕后，按有关文件要求，编制《建设工程竣工验收报告》交监理工程师检查，由项目监理机构将竣工预验收的情况书面报告建设单位，由建设单位组织竣工验收。

（2）工程竣工验收（由建设单位负责组织实施，工程勘察、设计、施工、监理等单位参加）：

1）承包商：

承包商编制《建设工程竣工验收报告》；

工程技术资料（验收前 20 个工作日）。

2）监理公司：编制《工程质量评估报告》。

3）勘察单位：编制质量检查报告。

4）设计单位：编制质量检查报告。

5）建设单位：

取得规划、公安消防、环保、燃气工程等专项验收合格文件；

主管部门出具的电梯验收准用证；

提前 15 日把《工程技术资料》和《工程竣工质量安全管理资料送审单》交监督站（监督站返回《工程竣工质量安全管理资料退回单》给建设单位）；

工程竣工验收前 7 天把验收时间、地点、验收组名单以书面形式通知监督站。

（二）工程竣工验收必备条件

（1）完成工程设计和合同约定的各项内容。

（2）《建设工程竣工验收报告》。

（3）《工程质量评估报告》。

（4）勘察单位和设计单位质量检查报告。

（5）有完整的技术档案和施工管理资料。

（6）有工程使用的主要建筑材料、建筑构配件和设备的进场试验报告。

（7）建设单位已按合同约定支付工程款。

（8）有施工单位签署的工程质量保修书。

（9）有市政基础设施的相关质量检测和功能性试验资料。

（10）有规划部门出具的规划验收合格证。

（11）有公安消防部门出具的消防验收意见书。

（12）有环保部门出具的环保验收合格证。

（13）有电梯验收准用证。

（14）有燃气工程验收证明。

（15）建设行政主管部门及其委托的监督站等部门责令整改的问题已全部整改完成。

（16）已按政府有关规定缴交工程质量安全监督费。

（17）单位工程施工安全评价书。

（三）工程竣工验收程序

验收会议上，工程施工、监理、设计、勘察等各方的工程档案资料摆好备查，并设置验收人员登记表，做好登记手续。

（1）由建设单位组织工程竣工验收并主持验收会议（建设单位应做会前简短发言、工程竣工验收程序介绍及会议结束总结发言）。

（2）工程勘察、设计、施工、监理单位分别汇报工程合同履约情况和在工程建设各环节执行法律、法规和工程建设强制性标准情况。

（3）验收组审阅建设、勘察、设计、施工、监理单位的工程档案资料。

（4）验收组和专业组（由建设单位组织勘察、设计、施工、监理单位、监督站和其他有关专家组成）人员实地查验工程质量。

（5）专业组、验收组发表意见，分别对工程勘察、设计、施工质量和各管理环节等方面作出全面评价；验收组形成工程竣工验收意见，填写《建设工程竣工验收报告》并签名、盖公章。

注：参与工程竣工验收的各方不能形成一致意见时，应当协商提出解决的方法，待意见一致后，重新组织工程竣工验收。

（四）工程竣工验收监督

（1）监督站在审查工程技术资料后，对该工程进行评价，并出具《建设工程施工安全评价书》（建设单位提前15日把《工程技术资料》送监督站审查，监督站返回《工程竣工质量安全管理资料退回单》给建设单位）。

（2）监督站在收到工程竣工验收的书面通知后（建设单位在工程竣工验收前7天把验收时间、地点、验收组名单以书面形式通知监督站，另附《工程质量验收计划书》），对照《建设工程竣工验收条件审核表》进行审核，并对工程竣工验收组织形式、验收程序、执行验收标准等情况进行现场监督，并出具《建设工程质量验收意见书》。

## 参 考 文 献

[1] 国务院. 中华人民共和国标准化法[M]. 北京：中国民主法律出版社，2008.
[2] 中国建筑工业出版社. 书稿著译编校工作手册[M]. 北京：中国建筑工业出版社，2006.
[3] 中华人民共和国住房和城乡建设部. 建筑施工安全检查标准[S]. 北京：中国建筑工业出版社，2011.
[4] 国务院. 中华人民共和国建筑法[M]. 北京：中国法制出版社，2010.
[5] 国务院. 建设工程安全生产管理条例[M]. 北京：中国建筑工业出版社，2004.
[6] 国务院. 建设工程质量管理条例[M]. 北京：中国建筑工业出版社，2000.
[7] 中华人民共和国建设部. 建筑起重机械安全监督管理规定[M]. 北京：中国建筑工业出版社，2008.
[8] 中华人民共和国住房和城乡建设部. 建筑施工工具式脚手架安全技术规范[S]. 北京：光明日报出版社，2009.
[9] 中华人民共和国住房和城乡建设部. 建设工程高大模板支撑系统施工安全监督管理导则[M]. 北京：中国建筑工业出版社，2009.
[10] 中华人民共和国住房和城乡建设部. 关于落实建设工程安全生产监理责任的若干意见[S]. 北京：住房和城乡建设部，2006.
[11] 中华人民共和国住房和城乡建设部. 关于进一步强化住宅工程质量管理和责任的通知[S]. 北京：住房和城乡建设部，2010.
[12] 中华人民共和国住房和城乡建设部. 建设工程施工合同（示范文本）[M]. 北京：中国法制出版社，2013.
[13] 中华人民共和国住房和城乡建设部. 建设工程监理合同（示范文本）[M]. 北京：中国建筑工业出版社，2013.
[14] 中华人民共和国住房和城乡建设部. 房屋市政工程质量事故报告和调查处理[R]. 北京：住房和城乡建设部，2011.
[15] 建设部标准定额研究所. 房屋建筑工程施工旁站监理管理办法[S]. 北京：中国建筑工业出版社，2002.
[16] 中华人民共和国住房和城乡建设部. 钢筋连接用灌浆套筒 JG/T 398—2012[S]. 北京：中国标准出版社．2012.
[17] 北京市住房和城乡建设委员会，北京市质量技术监督局. 装配式混凝土结构工程施工与质量验收规程 DB 11/T 1030—2013[S]. 北京：中国建筑工业出版社，2013.
[18] 中华人民共和国住房和城乡建设部. 混凝土结构工程施工质量验收规范 GB 50204—2015[S]. 北京：中国建筑工业出版社，2015.
[19] 重庆市城乡建设委员会. 装配式混凝土住宅建筑结构设计规程 DBJ 50－193—2014[S]. 北京：中国建筑工业出版社，2014.
[20] 中华人民共和国住房和城乡建设部. 预制带肋底板混凝土叠合楼板技术规程 JGJ/T 258—2011[S]. 北京：中国建筑工业出版社，2011.
[21] 山东省住房和城乡建设厅，山东省质量技术监督局. 建筑外窗工程建筑技术规范 DB 37/T 5016—2014[S]. 北京：中国建材工业出版社，2014.
[22] 安徽省质量技术监督局. 叠合板式混凝土剪力墙结构技术规程 DB 34/T810—2008[S]. 北京：中

国建材工业出版社，2008.
[23] 山东建筑大学. 装配整体式混凝土结构设计规程 DB 37/T 5018—2014[S]. 北京：中国建筑工业出版社，2014.
[24] 中华人民共和国住房和城乡建设部. 装配式混凝土结构技术规程 JGJ 1—2014[S]. 北京：中国建筑工业出版社，2014.
[25] 中华人民共和国建设部. 建设工程文件归档规范 GB/T 50328—2014[S]. 北京：中国建筑工业出版社，2001.
[26] 山东省建筑科学研究院. 装配整体式混凝土结构工程施工与质量验收规程 DB 37/T 5019—2014[S]. 北京：中国建筑工业出版社，2014.
[27] 山东省建设发展研究院. 装配整体式混凝土结构工程预制构件制作与验收规程 DB 37/T 5020—2014[S]. 北京：中国建筑工业出版社，2014.
[28] 中华人民共和国住房和城乡建设部. 建筑工程施工质量验收统一标准 GB 50300—2013[S]. 北京：计划出版社，2013.
[29] 中华人民共和国住房和城乡建设部. 施工现场临时用电安全技术规范 JGJ 46—2005[S]. 北京：中国建筑工业出版社，2005.
[30] 山东省人民政府办公厅. 山东省办公厅关于进一步加强房屋建筑和市政工程质量安全管理的意见[S]. 鲁政办发[2011]74号.
[31] 山东省建筑工程管理局. 山东省建筑业施工特种作业人员管理暂行办法[S]. 鲁建安监字[2013]16号.
[32] 山东省建筑工程管理局. 山东省建筑工程安全专项施工方案编写审查与专家论证办法[S]. 鲁建管质安字[2007]35号.
[33] 山东建设厅. 山东省建筑工程施工技术资料管理规程[S]. 济南：山东定额站出版社，2014.
[34] 山东省建设监理协会，山东省建设监理咨询有限公司. 建设工程监理文件资料管理规程[M]. 北京：中国建筑工业出版社，2014.
[35] 中华人民共和国住房和城乡建设部. 危险性较大的分部分项工程安全管理办法[S]. 建质[2009]87号.
[36] 国务院. 事故报告和调查处理条例[M]. 北京：中国法制出版社，2007.
[37] 中华人民共和国住房和城乡建设部. 建筑施工特种作业人员管理规定[S]. 建质(2008)75号.
[38] 中华人民共和国住房和城乡建设部. 危险性较大工程安全专项施工方案编写及专家论证审查办法[S]. 建质(2004)213号.
[39] 中华人民共和国住房和城乡建设部. 危险性较大的分部分项工程安全管理办法[S]. 建质[2009]87号.
[40] 李晓明，黄晓坤等. 装配式混凝土结构技术规程[S]. 北京：中国建筑工业出版社，2014.
[41] 中华人民共和国住房和城乡建设部. 建筑施工手册(第五版)[M]. 北京：中国建筑工业出版社，2012.
[42] 焦安亮，张鹏，李永辉等. 我国住宅工业化发展综述[J]. 施工技术，2013(10)：69-72.
[43] 潘志宏，李爱群. 住宅建筑工业化与新型住宅结构体系[J]. 施工技术，2008，37(2)：1-4.
[44] 张原. 建筑工业化与新型装配式混凝土结构施工[J]. 华南理工大学土木与交通学院，2013.
[45] 顾泰昌. 国内外装配式建筑发展及标准化现状[J]. 工程建设标准化. 2014，8.
[46] 国外装配式住宅的发展路径. 中国建设报. 2014，4，2.
[47] 刘强. 大力推进建筑产业现代化以绿色建造引领建设行业转型发展[EB/OL]. 2015-01-09. http://www.leogroup.com.cn/viewnews-7316.html.